体验、互动、探究：

高校创新生物学通识课程建设与示范

郭卫华　于晓娜　王仁卿　主编

山东大学出版社
·济南·

图书在版编目(CIP)数据

体验、互动、探究：高校创新生物学通识课程建设与示范/郭卫华，于晓娜，王仁卿主编.—济南：山东大学出版社，2020.12

ISBN 978-7-5607-6806-9

Ⅰ.①体… Ⅱ.①郭… ②于… ③王… Ⅲ.①生物学—课程建设—研究—高等学校 Ⅳ.①Q-4

中国版本图书馆 CIP 数据核字(2020)第 253331 号

责任编辑 李昭辉
封面设计 荣树云

出版发行 山东大学出版社
社　　址 山东省济南市山大南路 20 号
邮政编码 250100
发行热线 (0531)88363008
经　　销 新华书店
印　　刷 济南万方盛景印刷有限公司
规　　格 720 毫米×1000 毫米 1/16
11.25 印张 182 千字
版　　次 2020 年 12 月第 1 版
印　　次 2020 年 12 月第 1 次印刷
定　　价 60.00 元

《体验、互动、探究：高校创新生物学通识课程建设与示范》

编 委 会

序一

积极构建高校创新生物学通识课程新模式

郭卫华教授的教学团队在通识教育方面做出了很多努力和尝试，也取得了很好的成绩。我在2017年曾应郭卫华教授的邀请访问了山东大学“山东省生物学实验教学示范中心”，并就国家级实验教学示范中心的建设进行了广泛交流；在这之后与郭卫华教授团队建立起了良好的合作关系，并在虚拟仿真实验教学项目与实验教学平台的建设上达成了共识，推动了生物学虚拟仿真实验教学项目的建设。

为深入推进信息技术与高等教育实验教学的深度融合，不断加强高校教育实验教学优质资源的建设与应用，在高校实验教学改革和实验教学项目信息化建设的基础上，教育部于2017～2020年开展了示范性虚拟仿真实验教学项目建设，推动高校积极探索线上线下教学相结合的个性化、智能化、泛在化实验教学新模式。山东大学生物科学研究有着悠久的历史和辉煌的成就，郭卫华教学团队积极推进“智能＋教育”的探索，坚持以学生为中心，以产出为导向，推动了人才培养质量的提升。

教学团队在“智能＋教育”背景下打造了以群落演替和生态修复为主要内容的虚拟仿真项目，因选题科学、设计合理、成效突出而在众多项目中脱颖而出，并获批2018年度国家虚拟仿真实验教学项目。实验项目解决了多数学生无法全面把握不同类别生物的细致特征，“演替与修复”实验开课难的问题，突破了时间、空间限制，打破了课堂、实践壁垒，将野外耗费几天的实验集中在2个学时中完成，充分利用信息化技术，将课堂上晦涩难懂的概念、难以一次性观察到的现象与野外实际和生产实践相结合，以虚补实，实现了随时随地学习、自主学习，并为学生提供了开放性研究课题，拓展了通识教育实验教学的广度与深度、高阶性与挑战度，构建了高校通识教育课程线上线下教学相结合的个性化、智能化、泛在化实验教学新模式。

2019年，为继续推进高校生物和食品类实验教学同行之间的交流与合作，推动信息化技术与实验教学的深入融合，并加强国家级虚拟仿真实验教学项目的建设与应用共享，提升实践教学质量，山东大学与高等学校国家级实验教学示范中心联席会生物和食品科学组及植物、农林、动物、水产学科组，高等教育出版社，虚拟仿真实验教学创新联盟生物领域工作委员会等单位在青岛成功主办了第五届全国生物和食品类虚拟仿真实验教学资源建设研讨会。同时，还举行了虚拟仿真实验教学创新联盟生物领域工作委员会成立大会，推动形成了生物类专业布局合理、技术创新明显、开放共享有效的虚拟仿真实验教学联盟新体系。我作为时任高等学校国家级实验教学示范中心联席会生物和食品学科组组长和会议组织者，也感谢山东大学和郭卫华教学团队对会议的付出和贡献。

山东大学在虚拟仿真实验教学发展上做出了重要贡献，也让我再一次深切感受到了山东大学的专注、热情。希望山东大学的通识课程能够越做越好！

滕利荣

2020 年 7 月 30 日于吉林长春

序一作者简介：

滕利荣，吉林大学教授，国家教学名师，全国模范教师。作为成果负责人获得国家级教学成果一等奖 2 项、二等奖 1 项。

序二

高校生物学通识课程的创新性突破

生命科学是现代科学发展的最前沿之一，现代生物学基础知识是高素质、复合型人才知识结构的重要组成部分。浙江大学、北京大学、清华大学、上海交通大学、山东大学、南开大学等高校相继开设了面向非生物类专业学生的“生命科学导论”类课程。我的教学团队在理论课程基础上开设了生命科学导论实验课，也组织过多次现场观摩会和研讨会，面向全国的各个高校培训青年骨干教师。山东大学的趣味生物学实验正是由此形成，但其在课程内容、教学方式、培养模式等方面实现了创新性的突破，我甚感欣慰。山东大学郭卫华教授团队在此基础上完成的“体验式、互动式、探究式的高校创新生物学通识课程建设与示范”荣获2019年山东大学教学成果奖一等奖，在此对其表示衷心的祝贺。

郭卫华教学团队基于实验教学，将实验内容融入通识课程体系，组织学生动手操作、亲自实践，亲身体验科学实验的奥秘，精心设计筛选了16个兼具科学性与趣味性并紧密联系生活的生物学实验，涉及从宏观到微观、从人体到环境等不同的层面，涵盖动物、植物、微生物、人体生理、生化、遗传、分子、生态等生命科学领域。实验内容丰富多彩，激发了学生的兴趣和创新意识，并具有以下特点：

首先是在线上线下创新了实验教学模式。基于线下课程，团队开设了中国大学慕课平台上的第一门生物学通识教育实验课程，目前已开设5期，课程引导学生建立了对身边一些生物学现象的正确认识，立足科学，明辨是非，学以致用。基于在线开放课程的新形态教材《趣味生物学实验数字课程》，整合了教学团队成员编写的教案、PPT课件、课程视频、作业、试题、教学参考等内容，已于2017年由高等教育出版社/高等教育电子音像出版社以数字化教材的方式出版发行。团队在中国大学慕课平台上开设的在线开放课程也获批2019年度国家级慕课。

其次是提出了“智能＋教育”的复合培养模式。教学团队在“智能＋教育”

背景下打造了以群落演替和生态修复为主要内容的虚拟仿真项目，因选题科学、设计合理、成效突出而在众多项目中脱颖而出，并获批2018年度国家虚拟仿真项目。实验项目解决了多数学生无法全面把握不同类别生物的细致特征、“演替与修复”实验开课难的问题，突破了时间、空间限制，打破了课堂、实践壁垒，将野外耗费几天的实验集中在2个学时中完成，实现了随时随地学习、自主学习，并为学生提供了开放性研究课题，拓展了通识教育实验教学的高阶性、创新性与挑战度。

这几年的时间也见证了郭卫华教授团队的成长。团队以培养基础知识宽厚、创新意识强烈、具有良好自主研究能力和动手能力的通识型人才为目标，聚焦人才培养和通识教育中的关键问题，秉承“体验式、互动式、探究式”教学理念，通过对高校通识教育创新能力培养新模式的积极探索，由引导学生“兴趣驱动”激发创新热情，到培养学生严谨的工作作风和科学探究精神，充分发挥了学生的主体作用，有效地培养了学生的创造性思维、创新精神和创新能力。期待团队的高校生物学通识课程继续完善、开放共享，进一步创新教育模式，激发学生的兴趣，提高培养质量，在高校生物学通识教育方面发挥示范引领作用。

吴　敏

2020年7月30日于浙江杭州

序二作者简介：

吴敏，浙江大学教授，国家教学名师，全国优秀教师。主持国家精品课程、国家精品资源共享课程“生命科学导论”，是“生命科学导论”的国家级教学团队负责人，教育部高校大学生物学课程教学指导委员会副主任委员。作为成果负责人获国家级教学成果二等奖2项。

前　言

百年大计，教育为本。为深入贯彻党的十九大和全国教育大会精神，我们落实新时代全国高等学校本科教育工作会议的要求，坚持“以人为本”，推进“四个回归”，把本科教育放在人才培养的核心地位、教育教学的基础地位和新时代教育发展的前沿地位。“互联网＋”催生了新的教育生产力，打破了传统教育的时空界限和学校围墙，引发了教育教学模式的革命性变化。而通识教育是本科教育改革的重要方向，是中国高等教育回归育人本源的必然。

山东大学全面推进通识教育，坚守德性育人，突出传统文化传承特色，从优秀传统文化当中汲取智慧和经验，走出了别具一格的新时代德性教育之路。山东大学于1995年率先开展大学生文化素质教育试点工作，1999年入选首批32个“国家级大学生文化素质教育基地”，大力推进文化素质教育课程体系建设和教育教学改革。近年来，山东大学以优秀传统文化作为内核的通识教育开创性地发掘和运用了优秀传统文化中的道德资源，丰富了德育教育内容，把课堂教学作为思想政治工作的主渠道，实现了德育教育与教学改革、传统德育教育与现代德育教育、德育教育与科学教育、德育立人与智育立人的有机结合。学校更加注重素质培养，更加注重人格塑造，更加注重道德素质、人文素质与科学素质的交融，形成了通识教育的山大特色：彰显山东大学地处齐鲁大地的地域文化——孔孟之乡、儒学发祥地，彰显山东大学建设中国传统文化最具代表性大学的办学目标——文史见长的学科特色，彰显山东大学多学科的综合优势——学科门类齐全，彰显山东大学“全人教育”理念——知识教育体系与人格培育体系相结合。

近年来，高校本科人才培养工作得到了党和国家的高度重视，国家出台了一系列政策措施。2015年4月，教育部出台的《教育部关于加强高等学校在线开放课程建设应用与管理的意见》中指出：推动信息技术与教育教学深度融合，主动适应学习者个性化发展和多样化终身学习需求，围绕立足自主建设、注重应用共享和加强规范管理三条主线指导大规模开放课程建设。2018年，教育部印发的《教育部关于加快建设高水平本科教育 全面提高人才培养能力的意见》

中指出：构建线上线下相结合的教学模式，鼓励学生跨学科、跨专业学习，允许学生自主选择专业和课程。2019年，中共中央、国务院印发了《中国教育现代化2035》，中共中央办公厅、国务院办公厅印发了《加快推进教育现代化实施方案（2018～2022年）》等系列文件要求，指出要构建"互联网＋教育"支撑服务平台，深入推进"三通两平台"建设。2019年，教育部、中央政法委、科技部等13个部门在天津联合启动"六卓越一拔尖"计划2.0版，在全国掀起了一场本科教育质量革命，旨在全面实现高等教育的内涵式发展。

为适应国家战略需求和区域经济社会发展需求，编者课题组从2017年起先后承担了山东大学"双一流"人才培养专项示范课堂建设项目、山东大学实验室建设与管理研究重大项目、山东省高校本科教学改革研究项目等教育教学改革课题。本书以通识教育改革为主线，以"生活科学化，科学趣味化"的课程设计理念、线上线下教学相结合的"个性化、智能化、泛在化"的实验教学模式，将"体验式、互动式、探究式"的教学方法融入到通识教育中，探索出了高校创新生物学通识课程建设新模式。本书作者具有多年实践教学、实验室建设与管理经验，来自生态学、植物学、动物学、微生物学、生理学、遗传学、生物化学、分子生物学等专业方向。但由于时间仓促，加之水平所限，错漏之处难免，敬请不吝赐教，以期改正。

本书在编写过程中得到了各界人士的指导、支持和帮助，在此一并表示感谢！

编　者
2020年8月

目 录

第一章　高校通识生物学课程概述

在现代多元化的社会中，通识教育为受教育者提供了通行于不同人群之间的知识和价值观，已是世界各大学普遍接受的国际化议题，也引起了中国教育界的充分重视。生命科学是现代科学发展的最前沿之一，人们越来越清楚地意识到，人类未来的生活与生命科学和生物技术息息相关。因此，现代生物学基础知识已成为高素质、复合型人才知识结构的重要组成部分，我们需要丰富学生的生物科学知识，加深学生对生命科学和现代分子生物学技术的认识，激发学生学习生命科学与生物技术知识的兴趣，帮助学生正确理解生命科学发展对人类社会、经济的影响，增强他们的健康、环保意识，培养他们正确的生命观和增强社会责任感，从而培养面向21世纪的创新型人才，促进学科交叉和知识迁移。为此，笔者团队将体验式、互动式、探究式的教学方式纳入到通识教育中，成功探索出了高校创新生物学通识课程建设新模式，具有重要的意义和示范价值。

自20世纪90年代中期以来，随着高等教育教学改革的不断深入，国内外越来越多的高校对非生物类专业学生开设了生命科学导论类课程，部分高校已将此类课程列为面向全校的必修课或限选课。生命科学是一门实验性很强的学科，为了加深学生对生命科学的认识，北京大学、清华大学、浙江大学、上海交通大学、南开大学、吉林大学等又陆续在非生物类专业本科生中开设了与理论课配套的生命科学导论实验类课程。山东大学也与其他同类高校同步开设了生命科学导论实验类理论课。为了提高学校的生物学通识教育水平，激发非生物类专业本科生对生物学的兴趣，笔者团队经过密集的调研、讨论和试验，精心挑选了十多个兼具科学性、趣味性和紧密联系生活的生物学实验，于2015年摸索创建了“趣味生物学实验”这门面向全校本科生的通识教育课，与理论课脱钩，独立开设，共32学时，1学分。

为了让令很多人望而生畏的生物学课堂充满诗情画意，让较深奥的生命科学知识充满趣味，"趣味生物学实验"紧贴当前社会关于转基因食品、医疗、保健等问题的各种争论，注重教学内容的实用性、先进性，引导学生立足科学、明辨是非并学以致用。课程涉及从宏观到微观、从人体到环境等不同的层面，涵盖动物、植物、微生物、人体生理、生化、遗传、分子、生态共计8个生命科学领域的基础学科，采用专题的形式，以实验带动学生对相关生物学知识的理解和把握，以学生为教学的中心，调动学生的积极性，打造生动有趣的课堂。

"互联网＋"催生了趣味生物学实验教育教学模式的变革，打破了传统教育的时空围墙，推动了线上线下混合教学模式的开展。2018年3月，该课程在"爱课程"(中国大学慕课)平台上线，是平台上第一门生物学通识教育实验课程。作为面向非生物专业大学生的文化素质教育课和社会大众的科普课，本课程突出每一个实验的知识点和实验操作、实验结果的内在联系，使学生"眼见为实"，实现了知识的逐步深入和科学探究能力的逐步提升，并出版发行了在线开放课程的新形态教材，申报了2019年国家精品在线开放课程。

实践教学是生命科学本科教育的重要一环，笔者团队基于植物、动物、微生物、生态学专业方向特色及人才培养方案，依托学科发展优势和科研平台，构建了群落演替与生态系统修复虚拟仿真实验教学系统，以激发学生的兴趣和创新意识，增加实验的趣味性，提高学生的积极性，实现随时随地学习、自主学习，并为学生提供了开放性研究课题，拓展了通识教育实验教学的广度与深度、高阶性与挑战度。本项目曾获评2018年国家虚拟仿真实验教学项目。

本书基于创新"生活科学化，科学趣味化"的课程设计理念，创新"体验式、互动式、探究式"的学习模式，创新"数字教材＋线上线下课程"的网络教学模式，创新"个性化、智能化、泛在化"的虚拟仿真实验教学模式，从"趣味生物学实验"线下课程、数字课程及慕课、"黄河三角洲湿地生态系统演替与修复实验"国家虚拟仿真实验教学项目这三部分内容来阐述山东大学的创新生物学通识课程建设，并在附录中附带了相关教研课题、项目申请等相关申请书及通知，以期为推动中国高校通识课程建设提供新的借鉴，为相关高校同类课程的建设提供参考。

第二章 创新高校通识生物学课程模式

第一节 创新“生活科学化,科学趣味化”的课程设计理念

针对目前高校通识教育中兼具科学性和趣味性的课程较少,难以激发学生的学习兴趣、培养学生的创新能力和科学探究精神的问题,笔者所在的教学团队创新了“生活科学化,科学趣味化”的课程设计理念,以学生熟悉或关注的生活场景导入实验,打造生动有趣的课堂氛围,让原本晦涩难懂的生物学课堂充满诗情画意,让原本高深的生命科学知识充满趣味,由引导学生“兴趣驱动”激发创新热情,到培养学生严谨的工作作风和科学探究精神,从而提高了大学生的创新实践能力。

笔者所在的教学团队于 2015 年创建了面向山东大学全校本科生的通识课“趣味生物学实验”,这是面向全校各专业的本科选修课。笔者所在的教学团队精心设计筛选了 16 个兼具科学性与趣味性,并紧密联系生活的生物学实验,涉及从宏观到微观、从人体到环境等不同的层面,涵盖动物、植物、微生物、人体生理、生化、遗传、分子、生态等生命科学领域。本课程曾一度成为山东大学“最受学生欢迎的选修课”,入选山东大学“示范课堂”,并承担了山东大学新入职青年教师课堂观摩学习的培训任务。

第二节 创新“体验式、互动式、探究式”的学习模式

针对目前我国高校通识课程仍以大班教学、理论教学、记忆性教学为主,难以发挥学生的主体作用的问题,笔者所在的教学团队以“体验式、互动式、探究式”的学习模式,将实验教学纳入到通识课程体系中,组织学生动手操作、亲自实践,亲身体验科学实验的奥秘,激发学生的兴趣和创新意识,凸显高校通识课

程中的学生主体作用。教师由知识传输者转变为学习引导者、组织者、参与者，学生由被动接受知识转变为主动融入课堂。在生动、鲜明、奇妙的听觉、视觉、触觉、嗅觉冲击下，让学生产生浓厚的求知欲和兴趣，从而更好地体验、探究更加全面、新颖、前沿、准确的科学知识、实验技能和治学理念，充分发挥学生的主体作用，有效地培养了学生的创造性思维、创新精神和创新能力。

第三节　创新“数字教材＋线上线下课程”的网络教学模式

“趣味生物学实验”于2018年3月在“爱课程”平台上线，是中国大学慕课平台上的第一门生物学通识教育实验课程，学生评价为五星(4.9分)，目前选课人数过万人，实现了学生的随时随地学习，具有一定的开创性意义。课程以学生熟悉或关注的生活场景导入，打造生动有趣的课堂氛围，把学生没有条件进行的实验通过演示变得可视化，突出每一个实验的知识点和实验操作、实验结果的内在联系，让学生“眼见为实”，综合运用“体验式、互动式、探究式”的通识生物学教学方法，实现知识的逐步深入和科学探究能力的逐步提升。基于在线开放课程的新形态教材《趣味生物学实验数字课程》已于2017年由高等教育出版社/高等教育电子音像出版社出版发行。“趣味生物学实验”还入选了2019年国家精品在线开放课程，笔者所在的教学团队利用线上课程，基于在线开放课程的新形态教材，扩大了课程的示范效应和共享范围，拓展了通识教育实验教学的广度与深度、高阶性与挑战度。

第四节　创新“个性化、智能化、泛在化”的虚拟仿真实验教学模式

在“智能＋教育”的背景下，笔者所在的教学团队大力推进现代信息技术与实验项目深度融合，充分利用3D仿真、全景技术、动画技术等信息技术，建立常见动植物的精细3D模型，构建虚拟仿真模块，还原真实场景，让学生完成群落演替、生态修复等野外综合实验内容，在传授知识和技能的基础上，激发学生的兴趣和创新意识。

笔者所在的教学团队打造的通识教育实验教学内容“黄河三角洲湿地生态系统演替与修复实验”获批2018年度国家虚拟仿真实验教学项目，解决了“演替与修复”实验开课难的问题，突破了时间、空间限制，打破了课堂、实践壁垒，将野外耗费几天的实验集中在2个学时中完成，实现了随时随地学习和自主学习，并为学生提供了开放性研究课题，将虚拟仿真与实体实验结合，拓展了通识教育实验教学的广度和深度、高阶性和挑战度。

第三章　高校创新通识生物学课程建设

第一节　通识教育“趣味生物学实验”线下课程

为了提高高校生物学通识教育水平，笔者所在的教学团队精心挑选了10多个兼具科学性、趣味性和紧密联系生活的生物学实验，于2015年创建了“趣味生物学实验”这门面向山东大学全校本科生的通识课，共32学时，1学分。

这门课与其他高校开设的生命科学导论实验类课程的导向不同，尤其重视将高深的生命科学知识趣味化、生活化。课程涉及从宏观到微观、从人体到环境等不同的层面，涵盖动物、植物、微生物、人体生理、生化、遗传、分子、生态等生命科学领域的多个基础学科（见图3-1）。通过多媒体课件、动画、视频、现场操作演示等，使学生有兴趣并能完成实验且有所收获。

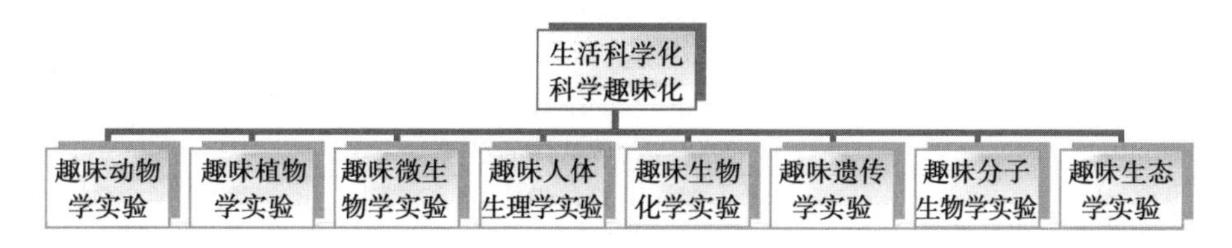

图3-1　“趣味生物学实验”课程架构

课程采用专题的形式，以实验带动学生对相关生物学知识的理解和把握。例如，“诱变因素的微核检测”让学生从染色体水平上认识了环境中的有害因素对健康的影响，引导他们学会更好地保护自身健康，深刻体会保护环境的重要性；“大肠杆菌绘图与诱导发光”让学生认识了微生物转基因技术，理解并思考分子生物学技术对人类的影响；“蔬菜、水果农药残留的快速定性检测”让学生了解了如何更有效地去除农药残留，并在课堂上吃自己亲手检测过的、放心的时令水果；“人体心电图的描记”以心电图的采集分析为例，让学生了解和认识自己的心脏活动；“拟南芥组织培养与试管苗的诱导”不仅让学生自制个性化的试管苗挂坠，更让学生对植物组织培养和无土栽培有了一个全面的理解；“干酪素的制备”让牛奶中的蛋白质“现形”，使学生对生物大分子产生了直观的认识；“人类性别的分子鉴定”利用性别这一显著而又神秘的遗传性状，让学生亲手实践并理解亲子鉴定、分子法医鉴定的原理；“校园植物鉴赏”带领学生认识校园及周边的花草树木；“草履虫形态结构观察”使学生体会到了生命和进化的奇妙；“人工琥珀标本的制作”则让学生模拟神奇的大自然过程，自制千姿百态的琥珀吊坠（见表3-1）。

表3-1 趣味生物学实验课程目录

实验模块	实验项目
趣味动物学实验	草履虫形态结构观察
	人工琥珀标本的制作
	涡虫的运动
趣味植物学实验	植物微型标本的设计与制作
	拟南芥组织培养与试管苗的诱导
趣味微生物学实验	显微镜下的“小人国”
	乳酸菌发酵与酸奶制备
趣味人体生理学实验	ABO血型的鉴定
	人体动脉血压的测定
	人体心电图的描记
趣味生物化学实验	干酪素的制备
	牛奶中乳糖的定性检测
	蔬菜、水果农药残留的快速定性检测
趣味遗传学实验	诱变因素的微核检测
	果蝇巨大染色体的制备与观察
趣味分子生物学实验	人类性别的分子鉴定
	大肠杆菌绘图与诱导发光
趣味生态学实验	常见花卉果实的形态解剖
	校园植物鉴赏

趣味生物学实验课程于2017年入选山东大学“示范课堂”。趣味生物学实验和生态学教学一起获得了2018年山东大学教学成果一等奖、2018年山东省教学成果二等奖。基于本课程的研究，笔者所在的教学团队于2018年获得了一项山东省本科教改项目“体验式、互动式、探究式的高校创新生物学通识课程建设与示范”。趣味生物学实验课程开课5年来，有近2000名山东大学学生选

修了这门课，他们中既有理科生，也有文科生、艺术生和体育生。学生们满怀热情，兴趣高涨。从学生的评价来看，课程收到了非常好的效果，选课时常常"一位难求"，班班爆满，有些学生甚至通过抽签才能选上。趣味生物学实验课程的发展流程如图3-2所示。

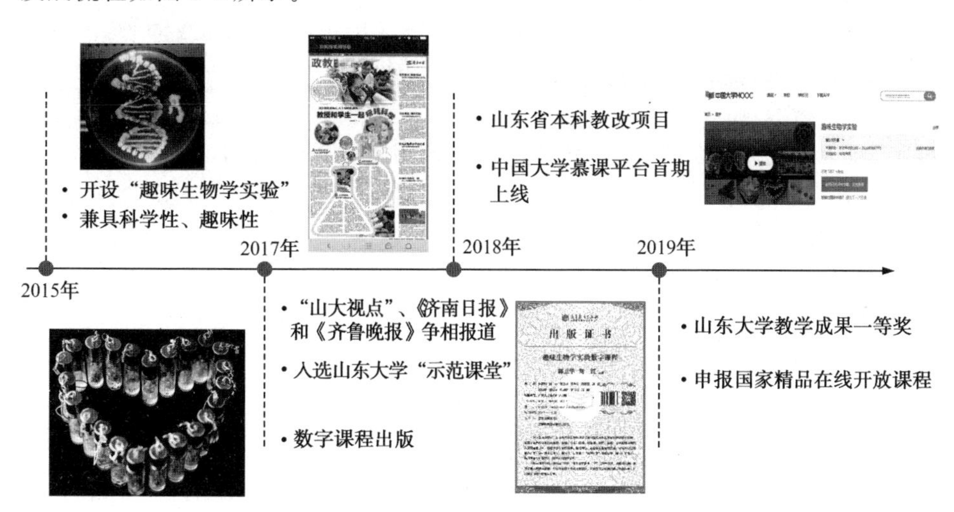

图3-2 趣味生物学实验课程的发展流程

下面对部分课程进行简要介绍。

一、趣味动物学实验

（一）草履虫形态结构观察

1.草履虫的运动与形态

滴加培养液于载玻片上，不加盖玻片，在低倍镜下观察。注意应将显微镜的光线适当调暗，使大草履虫与背景之间有足够的明暗反差。

（1）运动：大草履虫全身的鞭毛在游泳时有节奏地呈波状依次快速摆动，由于口沟的存在，该处纤毛摆动有力，从而使虫体绕其中轴向左旋转（注意观察当大草履虫遇到其他草履虫或其他物体时有何反应）。

（2）形状：大草履虫前端呈圆形而略小，后半部稍阔，后部较尖，形似倒置的草鞋底。其体表密布纤毛，体末端纤毛较长。

（3）口沟：大草履虫的一侧有一凹沟，自前段斜向凹至虫体中部，此为口沟。口沟处具有较长而强有力的鞭毛。

2.大草履虫的内部结构

在载玻片液滴上加上少许棉絮，以减缓大草履虫的运动。选择较安定的大草履虫，移至视野中央，转换至高倍镜下观察。

(1)细胞质：紧贴表膜的一层细胞质透明无颗粒，称为“外质”；外质内的细胞质多颗粒，称为“内质”。

(2)胞口：胞口是位于口沟末端的小孔，下连胞咽。

(3)胞咽：位于胞口下方，镜下可见胞咽背面由纤毛组成的波动膜(注意口沟纤毛和胞咽波动膜的波动，思考其波动有何功能)。

(4)食物泡：由于口沟纤毛的摆动，形成水涡流，使食物颗粒经过胞口进入胞咽，在胞咽波动膜的颤动下，使食物颗粒到达胞咽的底部，形成食物泡。食物泡随细胞质循环到草履虫身体各部分。在内质中可以看到许多流动的食物泡。

(5)伸缩泡：在虫体的前端和后端，各有一个透明的圆形伸缩泡。每个伸缩泡的周围都有辐射排列的收集管(注意每个伸缩泡周围的收集管有几条，前后两个伸缩泡的收缩管是否一致，每个伸缩泡周围收集管的收缩是否一致)。

(6)刺丝泡：在虫体的外质中，有平行排列的圆锥形小泡，即刺丝泡，其中含有液体，受到刺激时可放出毒丝，用于防御和进攻。在盖玻片的一角滴加一滴5%的醋酸溶液，即可杀死虫体并使刺丝泡放出毒丝。

(7)细胞核：大草履虫具有大核和小核两种细胞核，在活体中不易观察。在加了醋酸的临时封片上，2～5分钟后可见到细胞核；或在草履虫的永久玻片标本上进行观察。草履虫的细胞核位于近胞咽处，大核呈肾形，在大核凹处有一点状的小核。

3.草履虫的生殖

取大草履虫的分裂生殖和结合生殖装片，于低倍镜下观察。

(1)草履虫分裂生殖：观察草履虫的无性生殖是横分裂还是纵分裂。

(2)草履虫结合生殖：观察两虫体在何处结合。

本部分授课内容为大草履虫的观察，学生学完本课程后，应达到以下基本要求：

(1)绘制草履虫的结构图，注明各部分的名称。

(2)拍摄草履虫运动、排泄、摄食等的视频或图片。

(二)人工琥珀标本的制作

人工制作琥珀标本的步骤为：

(1)溶化松香：将松香放在烧杯内，加入约占松香质量10%的酒精，在电炉上缓慢加热，不断用玻璃棒搅拌，直到松香熔化，并使酒精基本上蒸发掉。

(2)制膜：用硬纸折好各种形状的小纸盒，作为包埋用的模具。

(3)准备标本：选择肢体完整且已固定的日本弓背蚁标本，经过整姿后放入模具中。

(4)包埋:把已熔化的松香慢慢注入模具中,用解剖针快速将标本埋在松香内合适的位置,静置于安全处。

(5)整形:用吸水纸或手指蘸少许酒精,在标本不透明的部位快速摩擦,使之变得透明。

(6)保存:人工制作的琥珀质地较脆,须仔细保存。

本部分授课内容为人工琥珀标本的制作,学生学完本课程后,应能依据个人喜好制作属于自己的人工琥珀标本(见图3-3)。

图3-3　人工琥珀吊坠

二、趣味植物学实验

(一)植物微型标本的设计与制作

植物标本一般分为干制标本和浸制标本两类。干制标本是一种将植物水分去除,消毒后于杀虫环境中保存的标本,有直接干制保存(用于种子)和压制保存(用于枝条)两种方式,压制保存的主要制作程序是取材、整理、压制、干燥、消毒、上台固定以及储存。浸制标本是将植物浸泡在保存液(5%的甲醛或70%的乙醇)中进行保存的标本。

微型标本是微细器官的干制标本,其制作方法与压制标本方法相似,主要有取材、压制、干燥、封存。

本部分授课内容为植物微型标本的制作,学生学完本课程后,应能通过制作植物微细器官的微型标本,学习一种植物压制标本的制作程序。

(二)拟南芥组织培养与试管苗的诱导

植物组织培养亦称"离体培养",指将细胞、组织、器官等外植体接种在人工配制的培养基上,于无菌状态下进行培养,使所接种的外植体能够继续生长、发育的过程。在现代作物生产中,植物组织培养占有重要的地位,利用此项技术可以进行快速繁殖、品种培育、脱除病毒等。根据外植体的种类,植物组织培养又可以分为原生质体培养、细胞培养、胚胎培养、组织培养、器官培养等。

1.植物组织培养的专用术语

(1)外植体：在植物组织培养过程中，从植物体上被分离下来的，接种在培养基上，供培养用的原生质体、细胞、组织、器官等称“外植体”。

(2)愈伤组织：愈伤组织是指植物受伤后的伤口处或在植物组织培养中外植体切口处不断增殖产生的一团不定型的薄壁组织。愈伤组织可使伤口愈合，使表面细胞呈木栓化而起到保护作用；植物扦插时，愈伤组织可形成不定根；植物嫁接时，愈伤组织可使接穗和砧木愈合。在植物组织培养中，愈伤组织常可形成不定芽。

(3)脱分化：脱分化是指已分化的组织又恢复到无分化的状态。在组织培养过程中，将已经分化的茎、叶、花等外植体进行培养，令其形成愈伤组织，回到没有分化的状态，就属于脱分化。

(4)再分化：再分化是指在植物组织培养中，对处于脱分化状态的愈伤组织进行培养，诱导其形成新的植物体的过程。

(5)初代培养：初代培养是指在组织培养过程中，最初建立的外植体无菌培养阶段。由于首批外植体来源复杂，携带有较多的细菌，要对培养条件进行适应，因此初代培养一般比较困难。

(6)继代培养：在组织培养过程中，当外植体被接种一段时间后，将已经形成愈伤组织或者已经分化出根、茎、叶、花等的培养物重新切割，转接到其他培养基上以进一步扩大培养的过程称为“继代培养”。

(7)培养基：培养基是指由大量元素、微量元素、糖类、氨基酸、维生素、植物激素与水所配制成的基质，主要用来进行组织培养。培养基可以分为固体培养基和液体培养基两种类型，前者需要加入琼脂，而后者不需要加入琼脂。常用的培养基主要有 MS 培养基、N6 培养基等。

(8)大量元素：大量元素是植物体需要量最多的一些元素，如碳、氢、氧、氮、磷、钾、硫、钙、镁等。其中，前 4 种元素的含量占植物体干物质的 95%左右，它们是植物体内重要的有机物，如糖、蛋白质、脂肪等的组成成分；其余元素也是植物体内重要的化合物成分。

(9)微量元素：微量元素是植物体需要量较少的一些元素，如铁、锰、铜、锌、硼、钼、镍、铝，这些元素只占植物体干重的万分之几或百万分之几。一般土壤里都含有足够的微量元素。

(10)植物激素：植物激素是一类由植物体自身合成的有机化合物，它们能从生成处运输到其他部位，在极低的浓度下即能产生显著的生理效应，可以对植物的生长发育产生很大的影响。现已公认的植物激素通常分为赤霉素、生长

素、细胞分裂素、脱落酸、乙烯五大类。

(11)琼脂:琼脂亦称“洋菜”,是从石莱花等海藻中所提取的白色黏胶状物质,在热水中能够溶解,其溶液遇冷凝固,主要用于配制培养基,作为外植体的支撑物。

(12)器官发生途径:在组织培养过程中,植株不经过器官,由分生中心直接分化,而不经过胚胎状态所形成完整植株的过程称为“器官发生途径”。其通常可以分为两种类型:一种是器官间接发生途径,即外植体首先脱分化成愈伤组织,然后从愈伤组织分化成器官,最后形成再生植株;另一种是器官直接发生途径,即从外植体上直接诱导器官分化,例如从茎尖诱导茎尖的分化、从鳞茎诱导鳞茎的分化等。

(13)体细胞胚发生途径:体细胞胚发生途径是指双倍或单倍体细胞在特定状态下,未经性细胞融合,而通过与合子胚发生类似过程发育出类似合子胚结构(称为“胚状体”或“体胚”)的形态发生过程。

(14)植株再生:植株再生是指通过组织培养技术,将植物的细胞、组织、器官培养成完整植株的过程。

(15)试管苗:试管苗是指在无菌条件下的人工培养基上,对植物细胞、组织或器官进行培养所获得的再生植株。

2.植物组织培养的应用

(1)在植物脱毒和快速繁殖上的应用:植物脱毒和离体快速繁殖是目前植物组织培养应用最多、最有效的一个方面。很多农作物,如马铃薯、甘薯、大蒜等都带有病毒,但染病植株并非每个部位都带有病毒,利用组织培养方法,取一定大小的茎尖进行培养再生,可获得脱病毒苗,再用脱病毒苗进行繁殖,则种植的作物就不会或极少感染病毒。此法已在马铃薯、草莓等多种作物上获得成功应用,并产生了明显的经济效益。

由于运用组织培养法繁殖植物的明显特点是快速,每年可以数百万倍的速度进行繁殖,因此该法对一些繁殖系数低、不能用种子繁殖的名、优、特植物品种的繁殖意义尤为重大。目前,观赏植物、园艺作物、经济林木、无性繁殖作物等部分或大部分都用离体快繁法提供苗木,试管苗已出现在国际市场上并形成产业化。

(2)在植物育种上的应用:

①单倍体育种:单倍体植株往往不能结实,在培养中用秋水仙素处理,可使染色体加倍,成为纯合二倍体植株,这种培养技术在育种上的应用称为“单倍体育种”。单倍体育种具有高速、高效率、基因型一次纯合等优点。自 1964 年获得曼陀罗的花药单倍体植株以来,人们已先后在水稻、小麦、玉米、辣椒以及许

多药用植物如枸杞、人参、平贝母中获得了单倍体植株。

②胚、子房、胚珠的离体培养：植物胚培养是采用人工的方法，在无菌条件下从种子中将成熟胚和未成熟胚分离出来，在人工合成的培养基上培养，使它发育成正常的植株，从而有效克服远缘杂交不实的障碍，获得杂交植株。

③体细胞杂交育种：在转移胞质雄性不育特性，获得抗病及抗除草剂特性方面，体细胞杂交育种都已经取得了显著进展，并为克服远缘杂交时有性生殖上的障碍提供了一种新的技术。美国科学家采用细胞融合技术，将番茄和马铃薯的细胞融合在一起，培育出了被称为“番茄薯”或“薯番茄”的新型植物。此外，获得成功的属间体细胞杂种植物还有烟草＋大豆、烟草＋龙葵、荠菜＋油菜等，这些属间杂交种无法用有性杂交的方法得到，这就为远缘杂交育种开辟了新途径。

④单细胞培养突变体的选择和应用：这是从细胞水平改造植物的一条途径，具体方法是用单细胞培养的方法诱导单细胞突变，筛选需要的突变体培养成植株，经有性繁殖使遗传性状稳定下来。目前，已选育出抗花叶病毒的甘蔗无性系，抗1%～2%氯化钠的野生烟草细胞株，抗除草剂的白三叶草细胞株等。

(3)在种质低温保存方面的应用：组织培养物（如试管苗、愈伤组织等）在液氮（－196 ℃）条件下，加入冷冻保护剂，可有效降低代谢水平，有利于长期保存。利用组织培养保存植物种质资源具有体积小、保存数量多、条件可控制、避免病虫害再度侵染、节省人力和土地等优点，是一种经济有效的种质保存方法。

(4)在植物次生代谢产物生产上的应用：植物次生代谢产物是许多医药、食品、色素、农药和化工产品的重要原料，随着对它的需求量逐年增加，组织培养技术对植物次生代谢产物的生产提供了有效的途径。由于任何植物的离体细胞在人工培养下都具有合成药物成分的能力，并可通过调节培养条件有效地提高其含量和质量，因此，利用组织培养生产药物已发展成为组织培养再生产应用的主流之一。

本部分授课内容为植物组织培养与试管苗诱导，学生学完本课程后，应能通过拟南芥试管苗的诱导（见图3-4），学习和掌握植物组织培养的基本原理和基本技术。

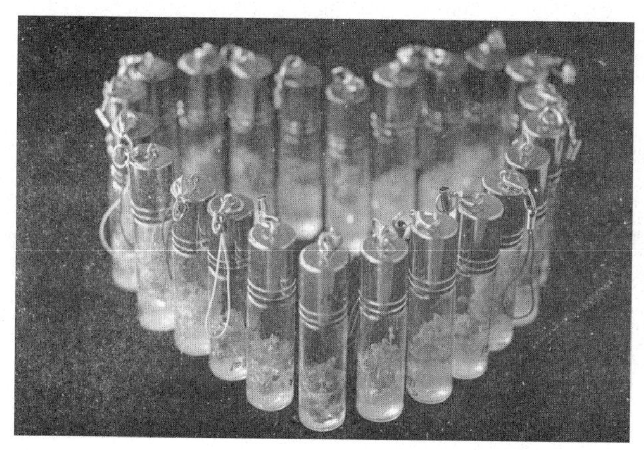
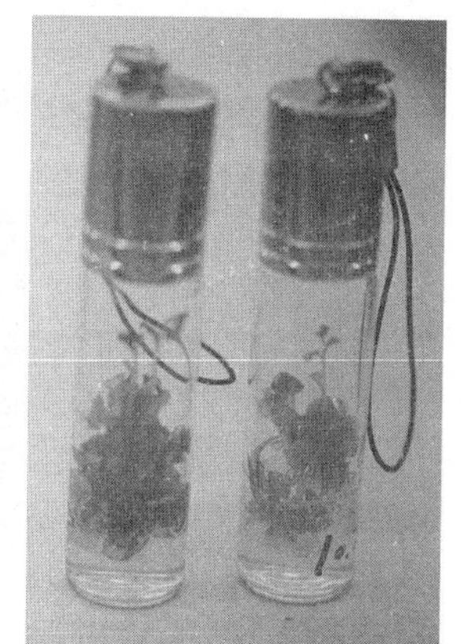

图 3-4　拟南芥试管苗吊坠

三、趣味微生物学实验

（一）显微镜下的“小人国”

细菌在光学显微镜下不易识别，用染料染色后，菌体与背景形成明显的色差，从而能更清楚地观察其形态和结构。常用碱性染料对细菌进行简单染色。在中性、碱性或弱酸性溶液中，细菌细胞通常带负电荷，碱性染料电离时，其分子的染色部分带正电荷，因此碱性染料的染色部分很容易与细菌结合使细菌着色。染色前须固定细菌，这样做一是为了杀死细菌并使菌体黏附于玻片上，二是为了增加细菌对染料的亲和力。常用的方法有加热和化学固定两种。

（二）乳酸菌发酵与酸奶制备

乳糖在乳糖酶的作用下，首先分解为两分子单糖，进一步在乳酸菌的作用下生成乳酸；乳酸可使奶中酪蛋白胶粒中的胶体磷酸钙转变成可溶性磷酸钙，从而使酪蛋白胶粒的稳定性下降，并在 pH 值为 4.6～4.7 时发生凝集沉淀，形成酸奶。

以上两部分授课内容为微生物培养与菌落形态观察，学生学完本课程后，应达到以下基本要求：

（1）认识微生物的存在，学习显微镜观察微生物的方法，描绘微生物的形态（见图 3-5）。

（2）了解酸奶的科学常识，认识乳酸菌的作用，学习酸奶的制作，体会微生物的发酵应用。

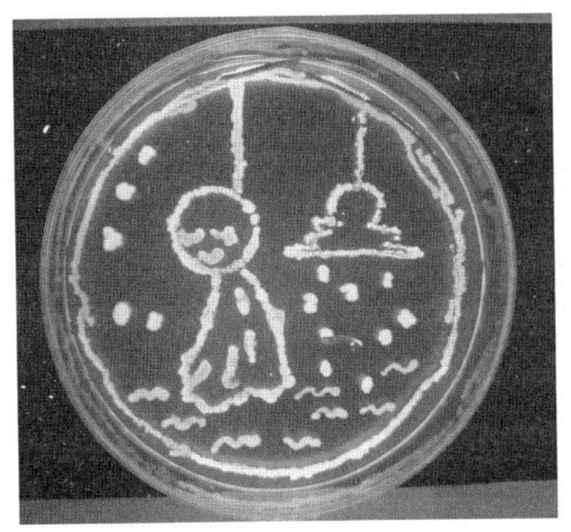

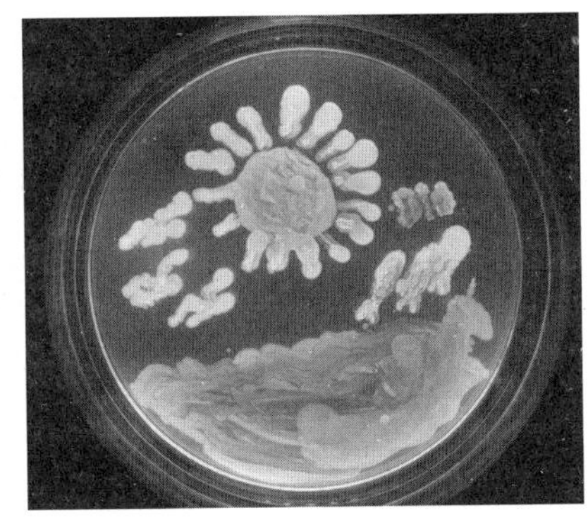

图 3-5　培养皿上的大肠杆菌

四、趣味人体生理学实验

(一)ABO 血型的鉴定

日常生活中,人们提到的"血型"通常指红细胞血型。红细胞血型是由红细胞膜外表面特异性糖蛋白(抗原)决定的,而这种抗原(或称"凝集原")的特异性是由遗传基因决定的。血清中存在可与红细胞膜上的抗原结合的特异性抗体(或称"凝集素"),抗原抗体反应产生凝集现象,最后导致红细胞发生溶解。因此,临床上在输血前必须进行血型鉴定,以保证输血安全。在血型系统中,最重要的是 ABO 血型系统(只要 ABO 血型系统相合,输血安全率可达 91.4%)。

不同血型人体内红细胞表面抗原与血清抗体的反应情况如图 3-6 所示：

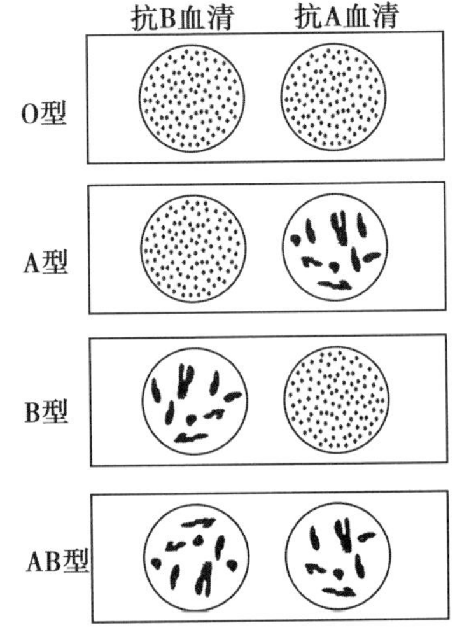

图 3-6　不同血型抗原、抗体反应情况

A型：红细胞膜表面有A抗原(凝集原)，血清中有抗B抗体(凝集素)。

B型：红细胞膜表面有B抗原(凝集原)，血清中有抗A抗体(凝集素)。

AB型：红细胞膜表面有A、B抗原(凝集原)，血清中无抗A、抗B抗体(凝集素)。

O型：红细胞膜表面无A、B抗原(凝集原)，血清中有抗A、抗B抗体(凝集素)。

本部分授课内容为血型的鉴定，学生学完本课程后，应能通过对自己血型的鉴定，掌握人类ABO血型系统鉴定的原理和方法。

思考题：

(1)血型是由遗传基因决定的，能否作为血缘关系判定的条件之一？

(2)临床上，只要ABO血型匹配就可以输血吗？

(二)人体动脉血压的测定

血压是血管内的血液对血管壁的侧压力，单位是千帕(kPa)或毫米汞柱(mmHg)，二者的关系是1 mmHg=0.133 kPa。

血压测定利用了气囊压迫血管法，当外压力大于血管内压时无血流通过，刚有血流通过时气囊压等于动脉压的收缩压；全血管血流通过时，气囊压等于动脉压的舒张压。血压计直接显示了气囊压，间接显示了血压。

本部分授课内容为血压的测定，学生学完本课程后，应达到以下基本要求：

(1)了解间接测定人体动脉血压的基本原理。

(2)学习用水银血压计测定动脉血压的方法。

(3)了解影响血压的若干因素。

思考题：

(1)缺氧影响血压变化的原因是什么？

(2)运动为何会影响血压变化？

(三)人体心电图的描记

心脏在收缩之前，首先发生电位变化。心电变化由心脏的起搏点——窦房结开始，经传导系统传导至心房、心室，引起心房肌、心室肌的兴奋与收缩。

当心脏处于静息状态时，其表面各处都是等电位的，当一部分心肌细胞兴奋时，兴奋细胞表面比未兴奋细胞表面有更多的负电荷，两者之间出现电位差。这种心脏兴奋的综合性电位变化可通过体液传播到人体的表面，经体表电极引导放大而成的波形即为心电图(见图3-7)。

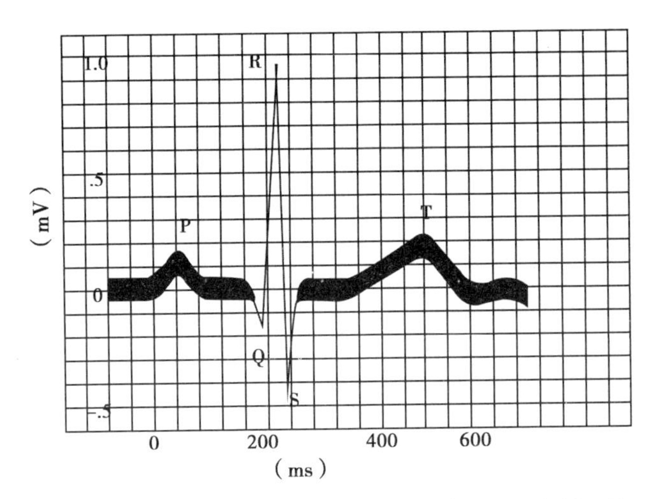

图 3-7　一个心动周期的人体心电图(正常心电图包括 P 波、QRS 波和 T 波，有时在 T 波之后会出现一小的 U 波)

心电图可以反映心脏综合性电位变化的发生、传导和消失过程，各波及波间距的生理意义为：

(1)P 波：代表左右心房的去极化，波形相对圆钝，正常波幅小于 0.22 mV，时程为 0.08～0.11 s。右心房肥大时，P 波尖而高耸，其波幅不低于 0.25 mV；左心房肥大时，主要表现为心房去极化时间延长；双心房肥大时，心电图表现为 P 波增宽不少于 0.12 s，振幅不低于 0.25 mV。

(2)QRS 波群：代表心室肌去极化过程，时程为 0.06～0.10 s；时程延长可能是心室肥大或传导阻滞。左心室肥大可导致 QRS 波群电压增高；右心室肥大表现为 V_1 导联 R/S 大于等于 1，V_5 导联 R/S 小于等于 1 或 S 波比正常加深。

(3)T 波：代表心室复极化，主要是快速复极化 2 相引起的。T 波不低于 R 波的 1/10，与 QRS 波群主波同方向，波幅一般为 0.1～0.8 mV，时程为 0.05～0.25 s。T 波倒置预示心肌缺血或冠状动脉机能不全。

(4)U 波：某些导联上 T 波之后可见 U 波，方向与 T 波一致，波幅低于 0.5 mV，时程为 0.1～0.3 s，这被认为与心室的复极化有关。

(5)PR 间期：PR 间期代表 P 波起始点至 QRS 波群起始点，时程为 0.12～0.20 s，反映的是兴奋由心房至心室的传导时间。PR 间期延长可能是房室传导阻滞所致。

(6)ST 段：ST 段相当于心室肌细胞动作电位复极化的平台期，此时各部位的心室肌细胞之间并没有电位差。因此正常情况下 ST 段应处于等电位线上。当某部

位的心肌出现缺血或坏死的表现时，ST 段发生偏移，升幅小于 0.1 mV，降幅小于 0.05 mV。

心电图的用途：

心电图是临床上最常用的检查之一，其应用广泛，应用范围包括：

(1)记录人体正常心脏的电活动。

(2)帮助诊断心律失常。

(3)帮助诊断心肌缺血、心肌梗死，判断心肌梗死的部位。

(4)诊断心脏扩大、肥厚。

(5)判断药物或电解质情况对心脏的影响。

(6)判断人工心脏起搏状况。

本部分授课内容为人体心电图的描记，学生学完本课程后，应达到以下基本要求：

(1)学习心电图的描记方法和心电图波形的测量方法。

(2)了解人体正常心电图各波的波形及其生理意义。

思考题：

(1)心电变化为何能够通过体表记录下来？

(2)心电图能否作为心脏病诊断的直接证据使用？

五、趣味生物化学实验

(一)干酪素的制备

1.氨基酸

含有氨基和羧基的一类特殊有机化合物通称为“氨基酸”。人体蛋白质是由 20 种 α 氨基酸组成的，α 氨基酸都是由 1 个氨基、1 个羧基、1 个氢原子和 1 个侧链基团(R)连接在同一个碳原子上构成的(这个碳原子称为“α 碳原子”)。20 种氨基酸有结构不同的 R 基团。α-氨基酸的结构通式为：

$$H_3N^+—\underset{\displaystyle R}{\underset{|}{\overset{\displaystyle COO^-}{\overset{|}{C}}}}—H$$

2.氨基酸的两性性质

氨基酸在结晶形态或在水溶液中，电离成两性离子。氨基是以—NH_3^+的形式存在，羧基是以—COO—的形式存在。在不同的 pH 值条件下，两性离子的状态也随之发生变化。

3.氨基酸的等电点

氨基酸的带电状况取决于所处环境的 pH 值，改变 pH 值可以使氨基酸带正电荷或负电荷，也可使它处于正负电荷数相等，即净电荷为零的两性离子状态，此时溶液的 pH 值称为该氨基酸的“等电点”(pI)。对阳离子，pH＜pI；对阴离子，pH＞pI。氨基酸的电离如下面的方程式所示：

$$R-\underset{NH_3^+}{\overset{H}{C}}-COOH \underset{H^+}{\overset{OH^-}{\rightleftharpoons}} R-\underset{NH_3^+}{\overset{H^-}{C}}-COO^- \underset{H^+}{\overset{OH^-}{\rightleftharpoons}} R-\underset{NH_2}{\overset{H}{C}}-COO^-$$

4.蛋白质的两性性质

1 分子氨基酸的 α 羧基和 1 分子氨基酸的 α 氨基脱水缩合形成的酰胺键(—CO—NH—)称为“肽键”(见下面的方程式)。氨基酸借肽键连接成多肽链，高分子量的多肽称为“蛋白质”。

$$H_3N^+-\overset{R_1}{CH}-\underset{\underset{O}{\|}}{C}-OH \quad H-\overset{H}{N}-\underset{H}{\overset{R_2}{C}}-COO^-$$

$$\Big\downarrow\!\!\uparrow \; H_2O \quad H_2O$$

$$H_3N^+-\overset{R_1}{CH}-\underset{\underset{O}{\|}}{C}-\overset{H}{N}-\underset{H}{\overset{R_2}{C}}-COO^-$$

虽然绝大多数的氨基与羧基缩合成肽键结合，但多肽分子总有一定数量的自由氨基与自由羧基，以及酚基、巯基、胍基、咪唑基等酸碱基团，因此蛋白质和氨基酸一样是两性电解质。调节溶液的酸碱度达到一定的氢离子浓度时，蛋白质分子所带的正电荷和负电荷数相等，以兼性离子的状态存在，在电场内该蛋白质分子既不向阴极移动也不向阳极移动，这时溶液的 pH 值称为该蛋白质的“等电点”(pI)。

当溶液的 pH 值低于蛋白质的等电点时，即在 H^+ 较多的条件下，蛋白质分子带正电荷，成为阳离子；当溶液的 pH 值高于蛋白质的等电点时，即在 OH^- 较多的条件下，蛋白质分子带负电荷，成为阴离子。

在等电点时，蛋白质的溶解度最小，容易沉淀析出。该实验正是利用蛋白质的这个特性，从牛奶中提取酪蛋白。酪蛋白的等电点(pI)是 4.7。

本部分授课内容为干酪素的制备，学生学完本课程后，应达到以下基本要求：

(1)了解蛋白质的基本性质，掌握用等电点法提取蛋白质的原理和方法。

(2)奶酪和酸奶一样，都是经过发酵牛奶，改变 pH，形成凝乳。奶酪的加工

需排除乳清（吊滤或压滤），形成固体。试问你是否可用鲜牛奶、鲜柠檬自制鲜奶酪？

（二）蔬菜、水果农药残留的快速定性检测

胆碱酯酶能分解底物2,6-二氯酚靛酚乙酯，生成乙酸和蓝色的2,6-二氯酚靛酚，而有机磷农药能抑制胆碱酯酶的活力。

本实验采用的速测卡是用胆碱酯酶和2,6-二氯酚靛酚乙酯分别制成酶与底物的试纸，以含酯酶的试纸端浸泡蔬菜提取液数分钟进行反应，再与含底物的试纸端紧贴几分钟进行反应。若蔬菜不含有机磷农药或有机磷农药残留少，不能完全抑制胆碱酯酶分解底物，就能产生蓝色2,6-二氯酚靛酚；若有机磷农药残留超标，酶被抑制，则无法对底物发挥作用，试纸不会变为蓝色。

本实验采用的农药速测卡可以快速检测蔬菜中有机磷和氨基甲酸酯这两类用量较大、毒性较高的杀虫剂的残留情况。本法操作简便，是现场检测的最佳方法。本法为国家标准方法（GB/T 5009.199—2003）。农药速测卡对几种常用农药的最低检测限如表3-2所示：

表3-2　农药速测卡对几种常用农药的最低检测限　（单位：mg/kg）

甲胺磷	1.7	马拉硫磷	2.0	乙酰甲胺磷	3.5	西维因	2.5
氧化乐果	2.3	久效磷	2.5	呋喃丹	0.5	好年冬	1.0
乐果	1.3	敌百虫	0.3	对硫磷	1.7	水胺硫磷	3.1
敌敌畏	0.3						

本部分授课内容为农药残留的检测（见图3-8），学生学完本课程后，应学会定性检测农药残留的方法。

图3-8　蔬菜农药残留检测

六、趣味遗传学实验

（一）诱变因素的微核检测

很多化学物质和放射线能引起染色体的异常。染色体是遗传物质的载体并含有生物体的遗传信息，染色体异常可引起多种疾病和畸形。例如，人的21号染色体多一条可引起先天愚型，5号染色体短臂部分缺失可引起猫叫综合征。此外，大多数肿瘤细胞都存在染色体异常。因此，染色体仅出现微小的异常变化也有可能对生物体的健康产生非常严重的影响。

对某种因素能否诱发染色体异常，最常用的评价方法有两个：一是直接观察染色体异常的染色体中期相分析法，二是微核检测法。后者更为简便。

微核（micronuclei）是真核细胞分裂间期的一种异常结构。在放射线或一些化学药物作用下，真核细胞染色体可能发生断裂，并形成无着丝粒的染色体片段。在细胞分裂后期，这些染色体片段因为没有纺锤丝的牵引，不能进入子细胞核，仍留在子细胞的胞质内，从而成为微核。有时，一条或几条落后的完整染色体也可能形成微核。微核游离于主核之外，大小是主核的1/3以下，其折光率及染色性质与主核一样。

微核率反映了染色体异常的发生率，与用药或放射线的累计剂量呈正相关，因此可以用来评价药物、放射线等对细胞的遗传学损伤，在医学、食品、药物、环境等检测方面有广泛的应用。微核试验最常用的是啮齿类动物骨髓红细胞，以受试物处理啮齿类动物，然后处死，取骨髓，制片、固定、染色，于显微镜下计数细胞中的微核。如果与对照组比较，处理组微核率有统计学意义上的增加，并有剂量效应，则可认为该受试物是诱变物。人外周淋巴细胞微核试验可用于接触环境诱变因素的人群的监测和危险性评价，其他旺盛进行有丝分裂的组织（如植物的根尖）也可以用于微核试验。

本部分授课内容为环境中诱变因素的检测——微核检测，学生学完本课程后，应了解用微核技术检测诱变因素的原理和方法。

（二）果蝇巨大染色体的制备与观察

果蝇（*Drosophila*）的一些种以腐烂的水果为食。由于体型小可以穿过纱窗，因此居家环境内也很常见。在垃圾桶边或腐果上，只要发现一些红眼的小蝇，往往即是果蝇。果蝇是生物学研究的重要模式生物。

果蝇的一生要经过卵、幼虫、蛹、成虫四个时期，各个时期的形态完全不同。幼虫期又分为1龄、2龄、3龄三个时期，3龄幼虫通常爬到干燥的管壁上，即将要变成蛹了。

果蝇3龄幼虫的唾液腺细胞在发育成熟后停滞于分裂间期，染色体经多次

复制而并不分开，形成含有1000～4000根染色体丝的多线染色体，这种染色体在长度和宽度上比普通的中期染色体都大得多，又称为“巨大染色体”，非常方便观察。

果蝇3龄幼虫唾液腺染色体经简单的染色后，因染色体全长上各处致密程度不同而出现深浅不同的横纹，其位置往往是恒定的。

果蝇3龄幼虫唾液腺细胞还可发生同源染色体配对，各染色体的着丝粒聚集在一起形成染色中心，而各染色体的臂从染色中心伸展出去。如果果蝇的染色体有缺失、重复、倒位、易位等结构改变，从巨大染色体的带纹上就很容易被识别出来。

本部分授课内容为染色体观察，学生学完本课程后，应达到以下基本要求：

(1)学习在实体镜下进行显微操作，解剖果蝇幼虫，分离出唾液腺。

(2)观察果蝇3龄幼虫唾液腺细胞的巨大染色体。

七、趣味分子生物学实验

(一)人类性别的分子鉴定

人类性别的分子鉴定主要采用PCR法，PCR是“聚合酶链式反应”(polymerase chain reaction)的缩写，是诺贝尔化学奖获得者、美国人卡里·穆利斯(Kary Mullis)博士于1985年发明的体外核酸扩增技术。利用该技术，不需要提前纯化，就可以从多种DNA分子混杂的混合物中选择性扩增单个复制的靶序列。

PCR扩增实际上模拟了体内DNA复制的过程，一般包括三个步骤：①DNA变性：在95 ℃左右的高温下，DNA双螺旋间的氢键因加热断裂，从而解离成两条单链DNA；②引物复性或退火：当反应温度降低到引物的T_m值左右时，反应体系中大量存在的单链引物特异性结合到单链靶DNA序列的3′端，每条引物分别与一条单链结合，形成部分双链DNA；③引物延伸：72 ℃左右时，DNA聚合酶结合到部分双链区域的末端，以单链DNA为模板，按照碱基互补配对的原理，在引物3′端不断掺入体系中游离的脱氧核糖核苷酸(dNTP)，合成新的双链DNA。这三个步骤循环进行，前一循环的产物可作为下一循环的模板，从而使靶DNA片段以指数方式得到扩增。通常经过30个左右的循环后，可从单个拷贝的DNA模板分子扩增获得数亿拷贝的目的产物。

PCR反应体系的组成主要包括：

(1)模板，多为双链DNA，或者由RNA反转录而来的单链cDNA。

(2)引物，为人工合成的单链寡聚核苷酸，长度为17～35个核苷酸不等，其序列决定了扩增反应的特异性以及产物的大小。

(3)游离的四种 dNTP，即 dATP、dTTP、dCTP 和 dGTP，它们是 DNA 合成的原料。

(4)耐高温 DNA 聚合酶，如 Taq，负责将新的 dNTP 连接到已有 DNA 链的 3′端，从而完成链的延伸。

(5)缓冲液，保证 DNA 聚合酶最适反应所需的条件，如合适的缓冲体系、pH 值、Mg^{2+} 浓度等。不同的 PCR 反应中，上述组分不变，但含量需要调整。

(二)PCR 方法鉴定人类性别

人类的性别是由性染色体决定的，正常情况下，男性携带一条 X 性染色体和一条 Y 性染色体(XY)，女性则携带两条 X 性染色体(XX)。因为 Y 染色体是男性所特有的，所以，本实验即利用 PCR 方法扩增 Y 染色体特异的 DNA 片段，对性别进行鉴定。

(三)琼脂糖凝胶电泳分离检测 DNA 的原理

检测 DNA 使用琼脂糖凝胶电泳的方法。凝胶电泳是分子生物学的核心技术之一，其中凝胶是支持电泳的介质，具有分子筛效应，而电泳(electrophoresis)则是带电物质在电场中向着与其电性相反的电极移动的现象。核酸物质(即 DNA 和 RNA)在溶液中因磷酸基团而带负电荷，在电场中向正极移动。

琼脂糖凝胶电泳是检测、分离与纯化 DNA 的基本手段。琼脂糖是从海藻中提取的长链状多聚物，呈白色粉末状，加热煮沸后可熔化成清亮、透明的液体，冷却后固化为透明的凝胶。固化实际是琼脂糖分子间相互交联形成的，这种相互交联形成的孔径即是分子筛效应的基础。电泳时，DNA 的移动速度不仅与其电荷数有关，也与分子大小有关。不同浓度的琼脂糖凝胶分离 DNA 片段大小的范围是不同的。如图 3-9 所示，在 0.6%～3%的浓度范围内，其分辨率越来越高，但其分离范围则越来越小。

凝胶中 DNA 的位置和相对分子量可以用核酸染料如溴化乙啶(ethidium bromide，EB)、SYBR Green 或者 Genecolour 等染色后，在紫外线或可见光激发下显现和检测。在适当条件下，染料释放的荧光强度与其结合的 DNA 片段的大小(或数量)成正比，所以，将已知浓度或大小的 DNA 作为标准，与待测样品同时电泳并染色后，即可以根据其 DNA 条带的宽度与亮度估计出待测样品中 DNA 的分子量大小与浓度。

本部分授课内容为性别的分子鉴定——性别决定基因的 PCR 扩增与电泳检测(见图 3-9)，学生学完本课程后，应达到以下基本要求：

(1)学习 PCR 法体外扩增 DNA 分子的基本原理及常规操作。

(2)学习利用 PCR 方法进行性别鉴定的原理和操作。

(3)学习琼脂糖凝胶电泳检测DNA的原理和方法。

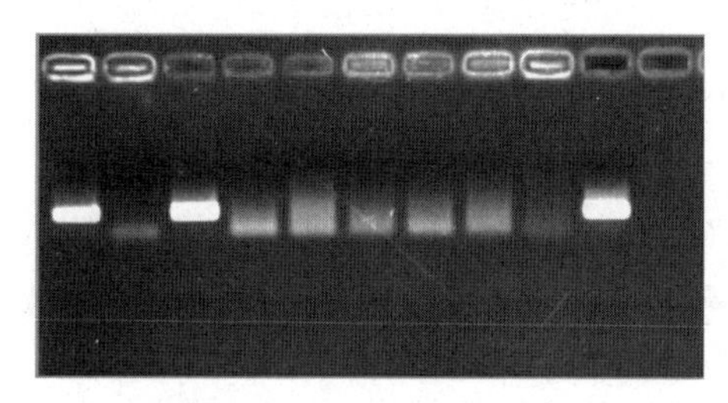
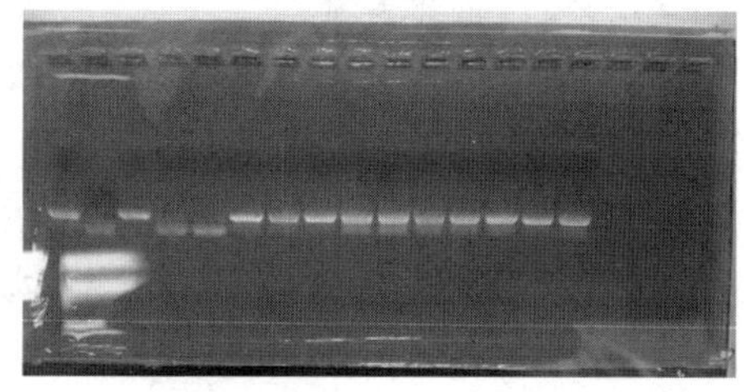

图3-9　琼脂糖凝胶电泳检测DNA

八、趣味生态学实验

认识自然界中的植物有两个层次:个体的植物识别和群落水平上物种的搭配,其中前者是基础。个体水平上,叶片、花、果实是植物识别的关键,既要观察其静态的形态结构特征,同时也应观察其在个体发育中的不断变化。

(一)常见花卉果实的形态解剖

常见花卉果实的形态解剖主要包括以下内容:

1.叶片的形态特征

叶是制造有机物的营养器官,是植物进行光合作用的场所。植物的叶一般由叶片、叶柄和托叶三部分组成。叶片的形状、叶缘的类型、叶片的类型、叶脉的类型、叶序的类型是需要重点观察的叶片特征。

2.花的形态特征

花的特征是进行植物识别的主要依据。一朵完整的花可以分成五个部分:花柄、花托、花被(或花萼、花冠)、雄蕊群、雌蕊群。花的颜色、花被数目、雄蕊数量和类型、心皮的数量、胚珠的着生方式、子房的位置、花序的类型等是花的重要特征。

3.花各部分的形态结构的演化趋势

花部数目由多而无定数到少而有定数;花部排列方式由螺旋状排列到轮状排列;花的对称性由辐射对称到两侧对称;子房由上位到半下或下位;两性花到单性花,雌雄异株比同株更进化;从虫媒花到风媒花。

4.果实的类型

果实由果皮和种子组成,胚珠发育成种子,子房发育成果实。真果、假果是根据是否有子房以外的结构参与果实的形成而区分的;单果、聚花果、聚合果是根据花中雌蕊的数目而区分的;肉果、干果是根据果实成熟时果皮的性质而区分的,其中肉果有浆果、核果、梨果等几种类型,干果有蓇葖果、蒴果、荚果、角果、瘦果、翅果、坚果、颖果等几种类型。

(二)校园植物鉴赏

由于实验时间安排在春季和秋季，因此可以见到多种植物的开花和结果。在不同时间段，植物的季相有较大的差别。

(1)春季：早春开花的植物主要集中在蔷薇科、木兰科、十字花科等类群，常见的有玉兰、紫玉兰、火棘、樱花、桃花、榆叶梅、诸葛菜、荠菜、独行菜、紫花地丁、连翘、迎春、黄栌、荆条等。松柏类裸子植物在 4～5 月份也多会出现大、小孢子叶球。

(2)秋季：秋季开花的植物以菊科最多，木樨科、卫矛科、忍冬科、豆科、唇形科、木樨科等植物还有少数能见到花或果实，常见的有菊花、金鸡菊、蒿类、金银木、锦带花、女贞、南蛇藤、花木蓝等。

在植物群落和生态景观方面，本课程所参观的山体下部为山体公园，于 2013 年年底建成，栽植了大量的乔木、灌木，山坡上原有的灌木草丛景观已经荡然无存，主要可见白皮松、五角枫、刺槐、苦楝、君迁子、楸树、女贞、黄栌、构树、连翘、小叶扶芳藤等乔灌木。路边的草本植物多为引种的花草，整体呈现仿自然的人工园林景观。

山体中部和上部依然保持了原有的侧柏林，林下的灌木和草本都是野生状态。受到人类活动的干扰，山体中部的山坡上林下植物比较稀疏；到山体上部至山顶，由于人迹罕至，林下植物逐渐变得相当茂密。这片树林乔木以侧柏占绝对优势，在沟谷间杂少量的刺槐、小叶朴、君迁子、榆树、车梁木等，灌木主要为荆条、黄栌、小叶鼠李、连翘、叶底珠、小花木兰、扁担杆子、雀儿舌头、酸枣、紫穗槐等。草本植物随季节不同有较多变化。

本部分授课内容为校园植物鉴赏(见图 3-10)，学生学完本课程后，应能认识校园中的大多数花草树木，并能简单描述其各自的特征。

图 3-10　植物识别及书签制作

第二节　通识教育"趣味生物学实验"数字课程及国家级慕课

笔者所在教学团队打造的"趣味生物学实验"课程是中国大学慕课平台上的第一门生物学通识教育实验课程，涵盖了生命科学领域内生态、生理、动物、植物、微生物、遗传、生化、分子生物学等绝大多数基础学科，通过十多个操作简单、生动有趣、紧密联系生活的实验，将高深艰涩的生命科学知识和技术趣味化、生活化，让学生在玩转科学的过程中提升科学素养，增强健康与环保意识，树立正确的生命观，具有开创性的意义。课程以学生熟悉或关注的生活场景导入，打造生动有趣的课堂氛围，把学生没有条件进行的实验通过演示变得可视化，突出每一个实验的知识点和实验操作、实验结果的内在联系，让学生"眼见为实"，综合运用体验式、互动式、探究式的通识生物学教学方法，实现知识掌握的逐步深入和科学探究能力的逐步提升。笔者所在教学团队成员基于在线开放课程编写的新形态教材《趣味生物学实验数字课程》已于 2017 年由高等教育出版社/高等教育电子音像出版社出版发行(见图 3-11)。

一、课程概况

课程采用专题的形式，以实验带动学生对相关生物学知识的理解和把握。例如，"诱变因素的微核检测"让学生从染色体水平上认识环境中的有害因素对健康的影响，引导他们学会更好地保护自身健康，深刻体会保护环境的重要性；"大肠杆菌绘图与诱导发光"让学生认识了微生物转基因技术，理解并思考分子生物学技术对人类的影响；"蔬菜、水果农药残留的快速定性检测"让学生了解了如何更有效地去除农药残留，并在课堂上吃自己亲手检测过的、放心的时令水果；"人体心电图的描记"以心电图的采集分析为例，让学生了解自己的心脏；"拟南芥组织培养与试管苗的诱导"不仅让学生自制个性化的试管苗挂坠，更让学生对植物组织培养和无土栽培有了一个全面的理解；"干酪素的制备"让牛奶中的蛋白质现形，使学生对生物大分子产生了直观的认识；"人类性别的分子鉴定"利用性别这一显著又神秘的遗传性状，让学生亲手实践并理解亲子鉴定、分子法医鉴定的原理；"校园植物鉴赏"课带领学生认识校园及周边的树木花草；"草履虫形态结构观察"使学生体会生命和进化的奇妙；"人工琥珀标本的制作"则让学生模拟神奇的大自然过程，自制千姿百态的琥珀吊坠。

趣味生物学实验在线课程在中国大学慕课平台上的评价为五星(4.9 分)，前 3 期选课总人数为 6859 人，第 4 期选课人数为 5539 人，第 5 期选课人数为 3257 人，因课程质量高、管理运营好，已入选签约中国大学慕课平台向全国高校推荐开设的优秀课程。根据平台提供的IP地址分析，选课学生来自137所高校，其中包括北京大学、浙江大学、中国科学院大学、复旦大学、厦门大学等国内知名高校及青海大学、内蒙古师范大学、榆林大学等西部高校，以及美国普渡大学、英国贝尔法斯特女王大学等国外高校。另外，还有来自山东省实验中学、济南历城二中、东莞市常平中学、东莞市第一中学、东莞市塘厦中学等社会学习者参加了本项目慕课的学习。本课程也为河南外国语学校培训了生物学师资力量。2018年，在复旦大学召开的全国生物通识实验课教学交流会上，笔者所在的教学团队成员汇报了项目的建设与进展情况，受到了极大关注和好评。“趣味生物学实验”在线课程已入选2019年度国家级精品慕课。

高等教育出版社
高等教育电子音像出版社

出版证书

趣味生物学实验数字课程

郭卫华　刘　红　主编

编　　者：陈忠科　杜　宁　郭卫华　康翠洁　凌建亚　刘　红
孟振农　曲爱琴　向凤宁　张燕君　赵　晶
编者单位：山东大学生命科学学院
I S B N：978-7-89510-043-5
网　　址：http://icc.hep.com.cn/sdu/qwswxsy
出版时间：2017年11月
出版单位：高等教育出版社
高等教育电子音像出版社

“趣味生物学实验”是山东大学生命科学学院面向全校本科生开设的通识实验课程，涵盖了生命科学领域内生态、生理、动物、植物、微生物、遗传、生化、分子生物学等绝大多数基础学科，通过十多个操作简单、生动有趣、紧密联系生活的实验，将高深艰涩的生命科学知识和技术趣味化、生活化，让学生在“玩转科学”的过程中，提升科学素养，增强健康与环保意识，树立正确的生命观。

本数字课程包括完整的实验教程、课程教学视频、PPT等教学资源，教师可以通过课程资源的管理与调用，形成并实现个性化教学设计。可供高等院校通识课或生命科学专业课程定制使用和教学参考。

图3-11　“趣味生物学实验”数字课程出版证书

二、课程考核

“趣味生物学实验”慕课课程对学习者的考核由课后测验和期末考试组成。

（一）课后测验

在每一次实验结束后，均要求学生独立完成课后测验，测验成绩占总成绩的50%。

根据实际情况，每个实验模块设置了2～6道习题（每道题2分）。课程会及时更新习题，习题中包含所讲授内容的拓展知识点。在教师点评的同时，课程系统进行智能化分配，学生间开展作业互评，注重课程考核的过程性评价。

（二）期末考试

在课程结束后，学生需参加课程期末考试，期末考试成绩占课程成绩的50%。每个实验模块均设置了题库，课程系统会进行智能化分配，为学生随机从题库中抽取25道考题（每题2分），时间设定为120分钟。

最终成绩（满分100分）为课后测验成绩（满分50分）与期末考试成绩（满分50分）的总和。课程设置“合格”（60～79分）和“优秀”（80～100分）两档结业标准，由任课教师签发课程结业证书，其中成绩“优秀”者将颁发优秀证书。证书分为免费证书（电子版）和认证证书（可查询验证的电子版和纸质版）。

1.课后测验举例

以下题目只有1个选项是正确的，请选出正确的选项。（填空或打勾，每题2分，共50分）

【实验1】草履虫形态结构观察

（1）原生动物是________。

A.原核生物　　B.单细胞动物

C.多细胞动物　　D.脊椎动物

（2）大草履虫的伸缩泡是和________有关的胞器。

A.呼吸　　B.消化

C.排泄　　D.神经

（3）大草履虫的生殖和________有关。

A.小核　　B.大核

C.刺丝泡　　D.食物泡

【实验2】人工琥珀标本的制作

（1）松香溶于以下哪种溶剂？

A.水　　B.75%的酒精

C.95%的酒精　　D.100%的酒精

(2)用于琥珀标本制作的动植物标本需要进行以下哪种预处理？

A.透明　B.碳化

C.脱水　D.不需要预处理

(3)天然琥珀的主要成分是：

A.树脂　B.橡胶

C.岩石　D.矿物结晶

【实验3】拟南芥组织培养与试管苗的诱导

(1)植株再生的理论基础是植物细胞具有全能性，请判断对错：

A.对　B.错

C.对有些植物是对的　D.不一定

(2)以下不属于组织培养操作中的消毒方法的是：

A.紫外线消毒　B.70%的酒精表面消毒

C.酒精灯灼烧消毒　D.100%的酒精表面消毒

(3)在组织培养中，再生苗培养基中添加的两种植物激素是：

A.细胞分裂素和赤霉素　B.生长素和乙烯

C.细胞分裂素和生长素　D.脱落酸和生长素

【实验4】植物微型标本的设计与制作

(1)所有植物材料都可以直接放在塑封膜中压制成微型标本，请判断对错：

A.对　B.错

C.不一定　D.依条件而定

(2)下列不属于植物微型标本制作步骤的是：

A.采样　B.烘干

C.浸泡　D.封存

(3)以下不可以作为制作微型标本材料的是：

A.枫叶　B.花瓣

C.粗树枝　D.三叶草

【实验5】显微镜下的“小人国”

(1)微生物制片时可以在酒精灯上一直加热，对吗？

A.错　B.对

C.不一定　D.依情况而定

(2)用显微镜观察时，应遵从“低倍镜—高倍镜—油镜”的顺序，对吗？

A.错　B.对

C.不一定　D.依情况而定

【实验6】乳酸菌发酵与酸奶制备

(1)乳酸饮料就是酸奶,对吗?

A.错　　B.对

C.不一定　　D.依情况而定

(2)吃得很饱的时候,喝杯酸奶有助于消化,对吗?

A.错　　B.对

C.不一定　　D.依情况而定

【实验7】ABO血型的鉴定

(1)ABO血型系统是基于红细胞膜上一类称为"凝集原"的糖蛋白分型的,也称为"抗原"。只含有A抗原的为A型血,只含有B抗原的为B型血,那么A、B两种抗原都不含的为何型?

A.AB型　　B.O型

C.A型　　D.B型

(2)采血使用的采血针取下针帽就可以使用,不需要消毒,原因是:

A.已是无菌采血针,无须再消毒

B.采血部位事先已经酒精消毒,故无须再消毒

C.表皮抵抗力强,所以采血针不用消毒

D.不干不净更健康

(3)采血时需要用酒精消毒,正确的做法是:

A.酒精棉球擦拭皮肤后立即针刺采血

B.酒精棉球擦拭皮肤立即吹干酒精再针刺采血

C.酒精棉球擦拭皮肤后稍等片刻,待酒精挥发后针刺采血

D.针刺采血后酒精棉球擦拭创口消毒

【实验8】人体动脉血压的测定

(1)干扰并影响血压测定的因素有很多,下面不在考虑之列的因素是:

A.紧张　　B.平和呼吸

C.运动　　D.身体姿势

(2)某老人血压测定值是130/95 mmHg,请问是否为正常血压?

A.正常　　B.不正常

C.看和他平时血压差距大不大而定　　D.因人而异

(3)用水银血压计测定血压时,严禁过度加压致使水银外流出血压计,原因是:

A.外流的水银会立即让人中毒

B.外流的水银不易清除干净

C.外流的水银在空气中可以汽化，使人中毒

D.外流的水银有难闻的气味

【实验9】人体心电图的描记

(1)心电图记录的是：

A.心脏电变化　　B.心脏收缩变化

C.心跳变化　　D.心跳和呼吸

(2)窦性心律失常是怎么回事？

A.还是窦性节律，但节律不稳定　　B.是异位起搏造成的

C.就是心跳不规律　　D.就是心脏停搏

(3)实验中使用75%的酒精涂抹安放电极的部位，是为了：

A.消毒　　B.脱脂

C.加湿　　D.除脏

【实验10】干酪素的制备

(1)酪蛋白的等电点是：

A.pH=4.2　　B.pH=4.7

C.pH=5.2　　D.pH=5.7

(2)离心机离心前离心管不需要平衡，只需要对称放置，这样做对吗？

A.对　　B.错

【实验11】牛奶中乳糖的定性检测

(1)糖与菲林试剂发生反应，沉淀颜色越深，证明含还原糖越多。

A.对　　B.错

(2)还原糖与本尼迪克特试剂发生反应一定产生砖红色沉淀。

A.对　　B.错

【实验12】蔬菜、水果农药残留的快速定性检测

(1)农药残留速测卡中，空白对照卡不变色的原因可能是(多选)：

A.温度低　　B.反应时间短

C.速测卡失效　　D.洗脱剂的量不够

(2)农药残留速测卡白色部分只要变蓝就说明农药不超标，对吗？

A.对　　B.错

【实验13】诱变因素的微核检测

(1)下列哪些结构可以形成微核？

A.没有着丝粒的染色体片断

B.分裂时落后的、没有进入细胞核的一条染色体

C.分裂时落后的、没有进入细胞核的几条染色体

D.以上全部

(2)实验中 40 mmol/L 和 10 mmol/L 叠氮化钠处理组，哪组的微核率比较高？

A.40 mmol/L 组　　B.10 mmol/L 组

C.不一定　　D.一样高

(3)用于微核检测的细胞应符合下列哪个条件？

A.旺盛地进行有丝分裂　　B.不再进行有丝分裂

C.正在长大的细胞　　D.什么细胞都可以

【实验 14】果蝇巨大染色体的制备与观察

(1)下列关于果蝇生活史的描述中，正确的是：

A.卵—幼虫—蛹—成体　　B.卵—蛹—幼虫—成体

C.卵—幼虫—成体　　D.卵—蛹—成体

(2)解剖果蝇唾液腺染色体的合适材料是：

A.1 龄幼虫　　B.2 龄幼虫

C.3 龄幼虫　　D.蛹

(3)以下哪些是果蝇唾液腺染色体的特征？

A.多线性　　B.巨大性

C.染色后有带纹　　D.同源染色体配对

【实验 15】人类性别的分子鉴定

(1)性别的分子鉴定采用的方法是：

A.变性-复性　　B.Taq

C.PCR　　D.DNA 提取

(2)性别的分子鉴定实验中，为区分两个性别而扩增的靶序列位于：

A.全部染色体　　B.21 号染色体

C.Y 染色体　　D.X 染色体

(3)电泳根据什么把 DNA 分子分离开？

A.DNA 分子的带电基团类型　　B.DNA 分子的大小

C.DNA 分子的碱基类型　　D.DNA 分子的浓度

【实验 16】大肠杆菌绘图与诱导发光

(1)本实验中使用的大肠杆菌能发出荧光，这是因为：

A.实验中使用的大肠杆菌自发获得了一个荧光蛋白基因

B.自然界所有的大肠杆菌都发光

C.实验中使用的大肠杆菌偶然突变了

D.实验中使用的大肠杆菌被转入了来自其他生物的荧光蛋白基因

(2)诱导物 IPTG 的作用是：

A.诱导大肠杆菌分裂

B.诱导大肠杆菌中的荧光蛋白基因表达

C.诱导大肠杆菌吸收光

D.IPTG 自身发光

(3)培养细菌用的培养基、牙签、棉签、接种针等都需要灭菌处理，是为了：

A.防止接种的大肠杆菌不发光

B.防止培养基被分解

C.防止杂菌生长

D.防止接种的大肠杆菌不生长

【实验 17】校园植物鉴赏

(1)以下哪种植物的果实是聚合果？

A.无花果　　B.草莓

C.桑葚　　D.菠萝

(2)以下哪种植物不属于外来物种？

A.大花金鸡菊　　B.荆条

C.刺槐　　D.紫穗槐

2.期末考试举例

以下题目只有一个选项是正确的，请选出正确的选项。(每题 2 分，共 50 分)

(1)大草履虫是：

A.原核生物　　B.多细胞动物

C.单细胞动物　　D.脊椎动物

(2)天然琥珀的主要成分是：

A.树脂　　B.橡胶

C.蛋白质　　D.无机盐

(3)所有植物材料都可以直接放在塑封膜中压制成微型标本，请判断对错：

A.对　　B.错

C.不一定　　D.不知道

(4)植株再生的理论基础是植物细胞具有全能性，请判断对错：

A.对　　B.错

C.不一定　　D.不完全

(5)用显微镜观察时应遵从“低倍镜—高倍镜—油镜”的顺序，对吗？

A.错　　B.对

C.不一定　　D.无所谓

(6)牛奶变成酸奶,乳糖含量的变化是:

A.下降　　B.上升

C.不变　　D.不一定

(7)心电图记录的是:

A.心脏收缩变化　　B.心脏电变化

C.心肌活动　　D.窦性心律

(8)实验中使用75%的酒精涂抹安放电极的部位,是为了:

A.消毒　　B.脱脂

C.湿润　　D.保护

(9)干扰并影响血压测定的因素有很多,下面不在考虑之列的因素是:

A.紧张　　B.平和呼吸

C.运动　　D.身体姿势

(10)ABO血型系统是基于红细胞膜上一类称为“凝集原”的糖蛋白分型的,也称为“抗原”。只含有A抗原的为A型血,只含有B抗原的为B型血,那么A、B两种抗原都不含的为何血型?

A.AB型　　B.O型

C.A型　　D.B型

(11)窦性心律失常是指:

A.还是窦性节律,但节律不稳定　　B.是异位起搏造成的

C.不是窦性节律　　D.窦性节律稳定

(12)离心机离心前离心管需要平衡,而且需要对称放置。这样做对吗?

A.对　　B.不需要平衡,也不需要对称放置

C.不需要平衡,只需要对称放置　　D.需要平衡,不需要对称放置

(13)农药残留速测卡中,空白对照卡不变色的原因可能是:

A.温度低　　B.反应时间短

C.洗脱剂的量不够　　D.以上都对

(14)农药残留速测卡虽有有效期,但其实可以长期保存和使用,对吗?

A.对　　B.错

C.一直保存在冰箱里就不会失效　　D.一直保存在干燥处就不会失效

(15)酪蛋白的等电点是:

A.pH=4.2　　B.pH=4.7

C.pH=5.2　　D.pH=5.7

(16)在细胞分裂的哪个时期可以看到微核？

A.分裂期　　B.间期

C.所有时期　　D.中期

(17)用于微核检测的细胞应符合下列哪个条件？

A.旺盛地进行有丝分裂　　B.不再分裂

C.所有细胞都可以　　D.原核细胞

(18)以下哪项是果蝇唾液腺染色体的特征？

A.多线性　　B.巨大性

C.同源染色体配对　　D.以上都是

(19)下列关于果蝇生活史的描述中，正确的是：

A.卵—幼虫—蛹—成体　　B.卵—蛹—幼虫—成体

C.卵—幼虫—成体　　D.卵—蛹—成体

(20)电泳根据什么把 DNA 分子分离开？

A.DNA 分子的带电基团类型　　B.DNA 分子的碱基类型

C.DNA 分子的浓度　　D.DNA 分子的大小

(21)人类性别的分子鉴定实验中，为区分两个性别而扩增的靶序列位于：

A.X 染色体　　B.21 号染色体

C.Y 染色体　　D.全部染色体

(22)性别的分子鉴定采用的方法是：

A.PCR　　B.Taq

C.DNA 提取　　D.变性-复性

(23)大肠杆菌绘图与诱导发光实验中使用的大肠杆菌能发出荧光，这是因为：

A.自然界所有的大肠杆菌都发光

B.实验中使用的大肠杆菌自发突变了

C.实验中使用的大肠杆菌自发获得了一个荧光蛋白基因

D.实验中使用的大肠杆菌被转入了来自其他生物的荧光蛋白基因

(24)诱导物 IPTG 的作用是：

A.诱导大肠杆菌分裂　　B.诱导大肠杆菌吸收光

C.诱导大肠杆菌中荧光蛋白基因表达　　D.IPTG 自身发光

(25)培养细菌用的培养基、牙签、棉签、接种针等都需要灭菌处理，是为了：

A.防止接种的大肠杆菌不发光　　B.防止接种的大肠杆菌不生长

C.防止杂菌生长　　D.防止培养基被分解

第三节　国家虚拟仿真项目“黄河三角洲湿地生态系统演替与修复实验”

目前，我国高校的通识教育课程往往存在科学定位较低、实验开课难、挑战度不足的问题，针对这些问题，笔者所在的教学团队打造了“个性化、智能化、泛在化”的实验教学模式。“黄河三角洲湿地生态系统演替与修复实验”是笔者所在的教学团队依托动物学、植物学、微生物学、生态学专业打造的特色虚拟仿真实验教学的项目，项目突破了时间、空间的限制，为实践教学提供了辅助功能；打破了课堂、实践的壁垒，为理论教学提供了虚拟素材；缓解了科研、教学的冲突，拓展了实验教学的深度和广度。虚实结合、以虚补实，实现了随时随地学习、自主学习，并为学生提供了开放性研究课题，拓展了通识教育实验教学的广度与深度、高阶性与挑战度，并获批 2018 年度国家虚拟仿真实验项目。群落演替与生态修复虚拟仿真实验教学项目实现了线上线下教学相结合的个性化、智能化、泛在化实验教学新模式，以及“智能＋教育”的复合培养模式，拓展了通识教育实验教学的广度与深度、高阶性与挑战度。

一、虚拟仿真项目概述

（一）开放式教学虚实结合，提高了学生的学习效率

项目通过虚拟场景以及图片、影像等资料，使陌生抽象的生态系统演替与修复概念变得直观具体，增强了学生对知识内容的认识和理解，解决了多数学生无法全面把握不同类别生物的细致特征、群落演替、生态系统修复的问题。在群落演替的实验中，可以采用“空间代替时间”的办法来探讨群落的演替进程和特点，以此加强学生的实际动手能力，做到虚拟实验与真实实验课堂相互补充，实现“虚实结合、以虚补实、以虚促实”的目的。

（二）问题式启发教学，激发学生的学习兴趣

群落演替和生态系统修复实验知识点多，内容涉及学科广，为了调动学生学习的积极性，培养学生的创新思维，我们基于科研结果设计了黄河丰水期、平水期和枯水期不同的演替路线，激发学生观察、探索各个群落演替阶段的特点，虚拟实验操作和问题贯穿在整个实验中，以激发学生对实验原理的思考，并掌握与实验相关的基础知识点，在巩固理论知识、训练动手能力的基础上，提高了学生的学习兴趣，达到了增强学生学习主动性和创造性的教学效果。

（三）研讨式互动教学，引导学生自主学习

项目针对群落演替和生态系统修复实验中的难点和重点问题，设置了开放

性课题，设计的虚拟助教小精灵“灵灵”妙趣横生，可进行即时人机互动，引导学生进行自主学习，培养学生运用知识解决问题的能力。研讨式互动教学通过让学生查阅文献、撰写实验报告或制作幻灯片和进行具体的实践、讨论，促进学生自主学习和思考，使学生在研讨中培养科研素养，提高创新能力。

(四)多样化的考核指标提高了实验教学效果

通过线上(虚拟实验操作)和线下(实体实验操作)综合考核，促进了学生学习的积极性、主动性和创新性。项目采用开放性课题研究方式，增加了项目的趣味性、科研性，锻炼了学生的创新能力与科研能力，培养了学生在实验中发现问题并解决问题的能力，引导学生主动地学习，改革了实验课程教学，提高了实验教学质量。

二、虚拟仿真实验内容

(1)学生通过系统登录平台(见图 3-12)，进入虚拟仿真页面，根据教师指导，熟悉相关实验操作。

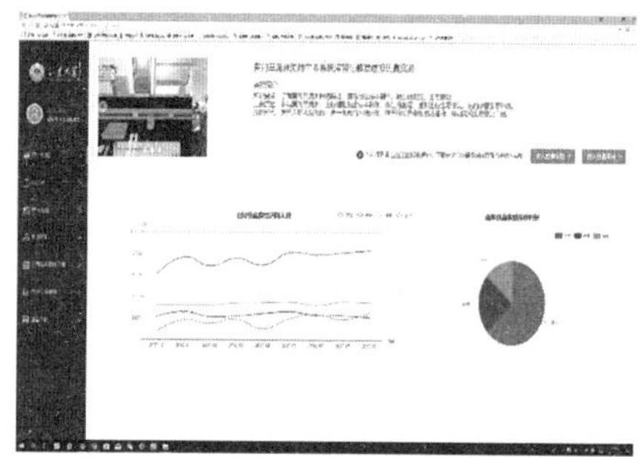

图 3-12　学生登录虚拟仿真平台

(2)进入虚拟仿真实验页面后，选择相关实验内容，了解实验目的，熟悉相应实验场景，按照实验要求进行分步操作(见图 3-13)。

图 3-13　虚拟仿真实验页面及实验场景

(3)进入标本采集与制作模块,学生采集群落中的部分植物和昆虫,进行标本制作。学生进入虚拟室内实验室,利用实验工具,根据实验提示,分别完成昆虫标本制作和植物标本制作,并进行鉴定(见图 3-14)。

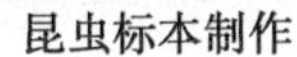

昆虫标本制作

植物标本制作

图 3-14　标本采集与制作

(4)进入群落特征测定模块,该模块设置了三个不同的演替场景(黄河丰水期、枯水期、平水期),系统随机为学生分配场景,学生进入场景中进行各项指标测定。通过植物群落观察,了解该实验地的物种分布状况,并通过对植物根、茎、叶、花、果等的形态特征观察,进行植物检索,生成检索结果;同时利用工具对样方进行数据测量,完成植物群落数据统计,形成相应的调查表;通过对建群种和特有种的调查,了解和掌握在滨海湿地群落演替过程中植物群落的动态变化过程(见图 3-15)。

调查工具

虚拟仿真技术

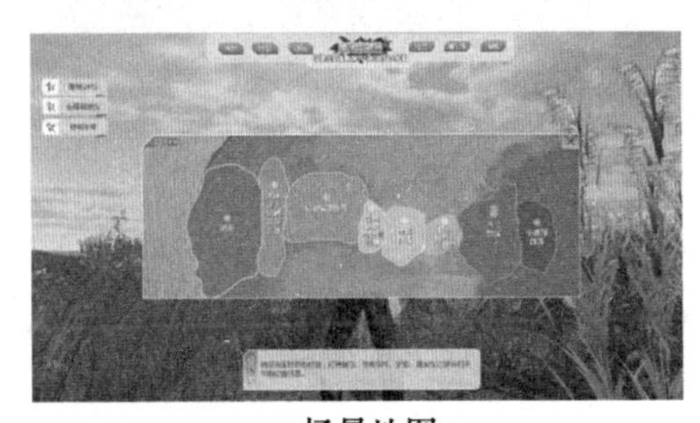

场景地图

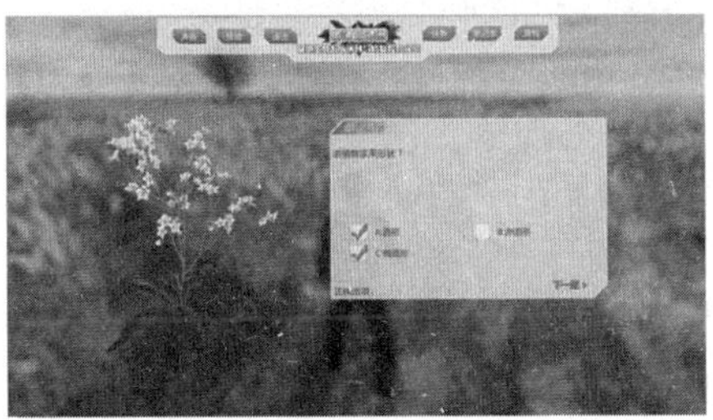

植物检索

图 3-15　虚拟仿真实验典型群落调查(一)

原生裸地　　盐地碱蓬群落

柽柳群落　　芦苇群落

图 3-15　虚拟仿真实验典型群落调查(二)

(5)微生物数量测定及多样性分析：学生需要在场景中获取典型样地中的土壤样品，按照操作步骤进行微生物数量的测定，了解在群落演替过程中土壤微生物的变化，并运用相应的实验结果进行多样性分析(见图 3-16)。

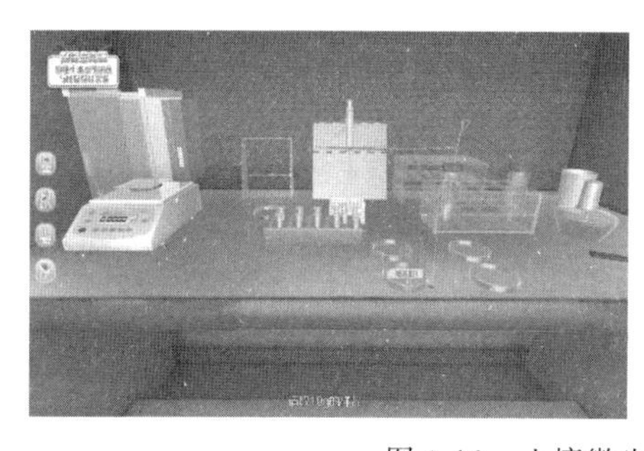

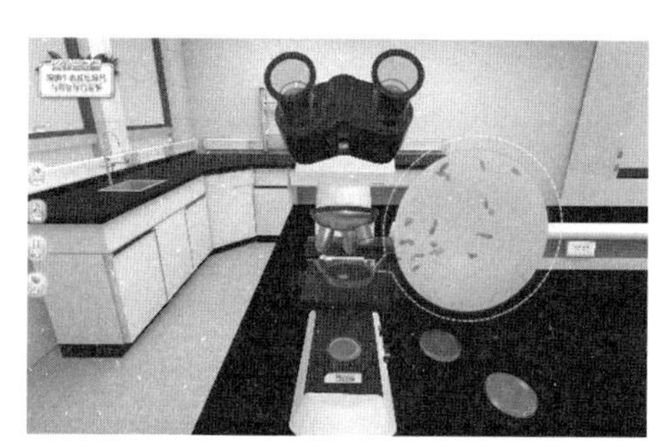

图 3-16　土壤微生物数量统计与分析

(6)生态修复：在群落演替中设置了一个枯水与海水倒灌交互作用的场景，学生进入场景中，根据提示进行生态工程实施。生态修复设计了三个不同的水分调节方式，即最小、最适和理想生态需水，退化生态系统在生态修复后形成三种不同的生态景观(见图 3-17)。

图 3-17　退化湿地生态系统修复

(7)常见动物 3D 模型及图集:项目中设计了 10 余种精细 3D 仿真动物模型和 50 种鸟类图集及鸟类介绍,用于对学生的科普教育(见图 3-18)。

图 3-18　常见动物 3D 仿真模型及图集

(8)在线测试：在线测试项目中包含试题库，实验结束后，要求学生完成相应的试题，系统自动完成测试评分(见图 3-19)。

图 3-19　在线测试

(9)实验结果提交：学生需要根据实验场景，提交相应的实验报告，包括物种信息(中文名、拉丁名、科属)、群落特征、微生物分析、实验报告、研究报告等。

三、虚拟仿真项目考核

“黄河三角洲湿地生态系统演替与修复实验”虚拟仿真项目基于“虚实结合、以虚补实、以虚促实”的实践教学模式，采用线上(虚拟实验操作)和线下(实体实验操作)相结合的方式进行综合评定。考核项目和内容分为虚拟仿真实验模块、实体实验模块、实验报告(或心得体会)和开放性课题研究共四部分，考核方式也根据选课学生群体分为低难度、中难度和高难度三种，具体考核要求如表 3-3 所示。

表 3-3　黄河三角洲湿地生态系统演替与修复仿真实验考核要求

考核项目	考核内容	考核场所	考核时间	考核方式	权重
课前预习	(1)通过航拍视频、虚拟仿真软件，了解实验地的生态环境特征及物种状况 (2)通过查询相关资料，了解黄河三角洲地区的湿地生态类型及演替序列	实验室及虚拟平台系统	实验前 1 周内	系统自动生成试卷，并完成评分	10%

续表

考核项目	考　核　内　容	考核场所	考核时间	考核方式	权重
虚拟仿真实验操作	(1)通过虚拟仿真软件完成标本采集与制作、群落调查、微生物群落分析的实验操作,并了解生态修复的相关内容 (2)完成系统设置的预设问题和练习题	虚拟平台系统	整个虚拟实验过程(2个学时)	学生提交操作,系统自动完成评分	低难度:60% 中难度:40% 高难度:30%
实体实验操作	(1)要求学生高质量完成标本,达到教学或科研水平 (2)要求学生以校园为样地,获取土壤样品并完成微生物数量测定	实验室	虚拟实验结束后(2个学时)	实验指导教师根据实际操作情况进行评分,低难度学生不作要求	低难度:0% 中难度:20% 高难度:30%
实验报告或心得体会	(1)低难度要求的学生提交心得体会 (2)中、高难度要求的学生撰写实验报告	课堂	整个教学实验结束前1天	实验指导教师进行评分	低难度:30% 中难度:30% 高难度:30%
开放性课题研究	可以以小组的形式选做开放性课题,可自行选题,也可选择以下内容开展: (1)根据系统中的土壤微生物 16S DNA 测定结果,分析群落演替过程中土壤微生物的多样性变化过程 (2)根据演替过程中的植被及微生物变化,探讨地上与地下部分的协同变化	课后	实验结束1周内	实验指导教师进行评分	该部分内容为加分内容,实验指导教师可酌情加分,但实验总分不超过100分

项目“黄河三角洲湿地生态系统演替与修复实验”已获得国家软件著作权登记(见图 3-20),并获批 2018 年度国家虚拟仿真项目(见图 3-21)。通过网络平台,实现了校内外、本地区及更广范围内的资源共享,并与 20 多家兄弟院校签订了共享协议,包括浙江大学、复旦大学、上海交通大学、中山大学、厦门大学、武汉大学、北京师范大学、南开大学、四川大学、兰州大学、青海大学、石河子大学、内蒙古大学、云南大学、黑龙江大学、山东农业大学、山东师范大学、济南大学、青岛大学、青岛农业大学、烟台大学、鲁东大学、崂山省级自然保护区办公室等,并获得了一致的好评。

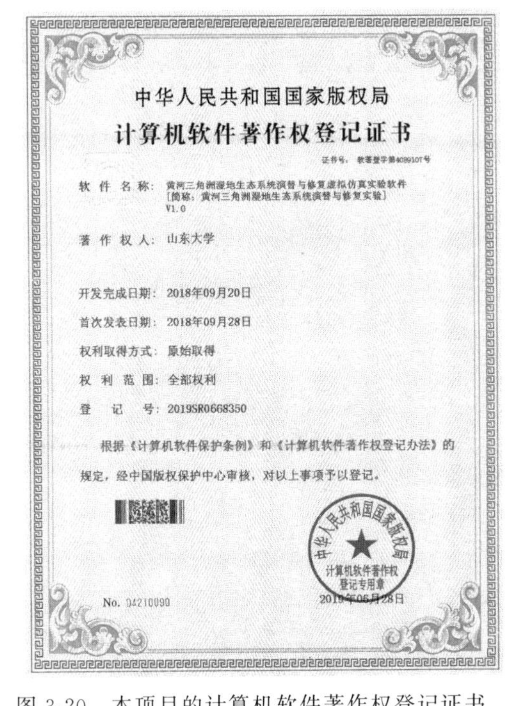
中华人民共和国国家版权局
计算机软件著作权登记证书

证书号：软著登字第4089107号

软件名称：黄河三角洲湿地生态系统演替与修复虚拟仿真实验软件
[简称：黄河三角洲湿地生态系统演替与修复实验]
V1.0

著作权人：山东大学

开发完成日期：2018年09月20日

首次发表日期：2018年09月28日

权利取得方式：原始取得

权利范围：全部权利

登记号：2019SR0668350

根据《计算机软件保护条例》和《计算机软件著作权登记办法》的规定，经中国版权保护中心审核，对以上事项予以登记。

中华人民共和国国家版权局
计算机软件著作权
登记专用章

No. 04210090

2019年06月28日

图 3-20　本项目的计算机软件著作权登记证书

国家虚拟仿真实验教学项目

证书

项目类别：生物科学类

项目名称：黄河三角洲湿地生态系统演替与修复实验

建设单位：山东大学

负责人：郭卫华

中华人民共和国教育部

2019 年 3 月

证书编号：2018-2-0040

图 3-21　国家虚拟仿真实验教学项目证书

第四章　高校创新通识生物学课程示范及效果

第一节　线下学生评价为“最受学生欢迎的选修课”之一

笔者所在的项目团队打造的通识课程开展了线上线下混合教学，其中线下课程开设于 2015 年，是面向山东大学全校各专业的本科选修课，目前已有近 2000 人选课，课程已成为山东大学“最受学生欢迎的选修课”之一，并入选山东大学“示范课堂”，承担了山东大学新入职青年教师课堂观摩学习的培训任务；在线课程已开设 5 期，深受学生欢迎。问卷调查表明，对本课有兴趣、对老师的教学满意、认为有收获的比例都达 99%以上。学生对该实验课的总体评价是：了解了生活中的很多生物学知识；在众多课程中独树一帜；很新奇，开了眼界；教学形式新颖，有趣又充实；对学生的动手能力、理论联系实际能力均有不少帮助；能激发和提高学习兴趣，培养良好的科学研究习惯。部分学生评语及学生相关情况摘录于表 4-1 中。

表 4-1　部分学生的情况及学生评语

姓名	学号	学院	学生评语
高婷婷	201400273008	管理学院	长了很多知识，在众多课中独树一帜，很新奇，很有趣
郝　蓓	201300121046	信息科学与工程学院	激发了对植物学的兴趣，锻炼了自己的动手能力，培养了吃苦耐劳的精神，收获颇丰
贾先韬	201400100045	物理学院	这次的课堂让我认识到大自然的美丽与魅力，也激发了我探索自然的兴趣
孙　琳	201400273034	管理学院	在山上观察的过程中，老师普及了太多太多的知识，摸摸叶片，竟觉得有太多的感情。希望还有这样的机会去体验不同的世界

续表

姓名	学号	学院	学生评语
田荣振	201400271167	管理学院	听了老师的讲解之后，再去观察山区中的各种植物，觉得大不一样了，感觉大自然果然是人类最好的老师
王甜甜	201400271184	管理学院	自己收获颇丰，希望以后能够有更多这样的课程
刘云冲	201300121107	信息学院	感谢老师开设这门实验课，让非生物专业的我接触到了更多的生物学知识
陈益江	201500210011	环境科学与工程学院	上过这个实验课，我学到了很多知识。很高兴自己选择了这一门课，这样的户外植物鉴赏课很有意义
王文静	201500130015	计算机科学与技术学院	趣味生物实验既有趣，又能学到知识
张　雪	201400130050	计算机科学与技术学院	很多植物在生活中很常见，这次终于认识啦，感觉生物学确实很神奇，很有收获
张大鹏	201500232106	医学院	这次野外授课感觉非常棒，老师的知识十分渊博，也让我们受益匪浅。希望以后还能有这样的机会
赵家兴	20150021005	环境科学与工程学院	得到了很多关于生物的知识，丰富了知识，放松了神经
王雨蝉	201600100054	物理学院	实验很有用，如果没有这些生物学知识，很可能会被谣言迷惑，比如买盐的狂潮
杨书诚	201600011015	哲社学院	实验不仅丰富了我作为一个文科生的生活，更带来了观念上的冲击，使我能较为理性和科学地认识这个世界
张焕卿	201600242027	口腔医学院	应减少有毒物质的排放、误用和滥用，完善监督、管理机制
刘亚卓	201600220032	公共卫生学院	微观世界很美妙！实验很锻炼动手能力
王晓文	201500262010	药学院	生物学与我们的日常生活息息相关，甚至关系到我们的子孙后代
张雪霆	201500040108	法学院	要相信科学，在生活中运用生物学知识，使自己生活得更健康
孔连杰	201500130095	计算机学院	实验很有用，它使我有一定的知识，然后就不会无知地不相信医生的话！
臧云行	201507290029	体育学院	有很大帮助，可以更好地养成正确的生活习惯，远离遗传病

续表

姓名	学号	学院	学生评语
宋家璇	201600171163	理工复合 16	把以前这些只能在生物书中看到的名词……逐渐变成现实,非常有成就感
杨　洋	201400271118	营销 14	本次实验很有趣,……十分庆幸选了这个课,圆了一个文科生进实验室的梦
郭　一	201600301123	计软 16.7	感受到了生物学的魅力
刘书剑	201408271310	会计 14.1	……真真切切地感受到了生物科学的魅力,很幸运选择了趣味生物实验这门科,开阔了专业视野,了解了生物知识
刘　安	201600301063	计软 16.7	觉得上这个课学到了很多生物知识和常识……
马钧茹	201600051021	汉语 16	科学的神秘之处令我感到惊异,我愿不断学习领略并掌握更多相关知识
郭胜豪	201600081031	历史 16	能自己动手实践很激动,希望这样的课能继续开下去
邓　莹	201600012065	社会 16.2	趣味分子生物学实验课是我上的第一节实验课,作为一名文科生,我认为能在学校学习到人文知识以外的一些科学原理,能亲手做实验鉴定自己的性别特征、画图,受益匪浅。老师幽默有趣、耐心教导,使我对生物学产生了浓厚的兴趣,希望可以有更多更有趣的实验课程开设
马宇鑫	201600150067	材料 16.1	这门课不仅让我学到了本专业以外的生物知识,更提升了我的动手操作能力和实践能力……真心希望这门课能够一直开下去,强烈推荐……
周卓盈	201502083036	考古 15	这门课让我学会了很多有关生物的知识,而我的专业课没有提供这个机会
陈金娜	201500271155	国商 15	生物界有太多神奇的存在,任何一个物种都有它令人惊奇的一面,我们人类应该尊重生命,善待生命;不同专业之间的差别是很大的,当我们接触到跨专业的知识时,会有一种眼前一亮的感觉,开阔了眼界,丰富了知识
李梓赫	201500090024	数学 15.1	实验很有趣,在玩耍中体验到了乐趣,也学到了知识
许镇豪	201605150240	材料 16.3	实验很有意思,我学到了很多东西……希望能再多几个像这样的实验

续表

姓名	学号	学院	学生评语
张　雯	201600051014	汉语 16	实验拓展了我的知识范围，作为文科生，平时我接触这些东西的机会是比较少的……而趣味生物实验用不同于以往的教学方式向我展示了不一样的生物学，让我觉得很有意思，来上这些课非常有意义
刘明宇	201600301186	计软 16.5	通过实验我认识了很多植物，学到了很多知识，开拓了眼界，在紧张的学习生活之余，丰富了自己的大脑！我很喜欢这门课！
陈红宇	201500231005	临五 15.2	这次实验也让我学到了很多东西，生物源于生活，给生活增添了乐趣
李子彬	201500190270	电气 15.5	内容非常有趣，贴近生活，对我们非生物专业的学生有很大的帮助
周智浩	201500181169	能源 15.4	一直以来都想做分子生物学实验，尤其是 PCR，以前只在书上看过，这次能亲眼所见，心中非常满足。希望以后能继续开设此类课程，拓展大家的眼界
赵春乾	201500261011	药学 15.2	这门课程是经好友推荐的，在上课过程中我也发现了报这门课程很值得，觉得这门课程很棒，希望可以继续开下去
徐　蕾	201700040084	法学院	听了老师的讲解之后，看到校园里有好多花没开，可以晚点做标本
王　徐	201600111070	化学院	听了这门课以后，发现学校里的很多植物都可以做成标本，感觉非常生动有趣，丰富了生活
蔚成卓	201700150058	材料	对我很有用，生活中应尽量避免接触某些有毒物质
李润泽	201705100096	物理学院	本课程有利于培养对生物的兴趣
王雨鑫	201700111029	化学与化工学院	很有趣，很喜欢这门课
王岚超	201717090007	数学学院	内容好，但是上课时间可以稍微缩短一下
付　颖	201700272020	管理学院	自己动手制作植物标本，还可以了解植物学的基本知识，非常有趣
曾涤昊	201700140008	生命科学学院	起码知道了有些东西不能乱吃，而且毕竟是本科专业知识，以后还是会有用的

续表

姓名	学号	学院	学生评语
赵依昕	201600140063	生命科学学院	通过这次学习知道生活中可能会遇到一些致癌物质,导致细胞核和遗传物质的异常
李方雨	201618181217	生命科学学院	可以通过观察环境中生物的生长是否异常,确定环境的状态,注意生活环境对健康的影响
张雅清	201800210089	环境学院	通过这次学习,我认为转基因这种手段在某些时候是有益的,例如通过分子杂交技术所得到的大米,但同时食品安全也需要有关单位的严格监控
薛　田	201800210010	环境学院	通过这次学习,我了解到转基因食品可能产生新的有害物质或过敏原,造成基因污染等,但这门新兴技术的确存在很大的价值
权佩雯	201800150021	材料学院	通过这次学习,我学到了要远离这些有毒物质,养成良好的习惯
苏国栋	201800150186	材料学院	通过这次学习,我了解到在日常生活中我们应该远离一些有毒物质。收获很多
吴　灏	201800171220	控制科学与工程学院	我了解到在生活中应当尽量避免接触一些有毒物质,以免危害我们的身体健康
王加龙	201800220058	公共卫生学院	课程很有用,在生活中应该避免接触很多有害物质
高永贵	201800220065	公共卫生学院	这次的实验让我看到了一些有毒物质会对细胞产生危害,我们应该远离
鲍　涵	201800271242	管理学院	生活中存在许多诱导细胞变异的因素,我们要避免接触
杨静怡	201800272039	管理学院	通过这次学习,我知道了有毒物质会使细胞诱变,我们要保护好自己
贾旭阳	201800301025	软件学院	通过这个实验课,我学到了很多知识,以后要保护好自己
柴腾杰	201800301104	软件学院	这门课程十分有用,让我们了解了生活中有很多危害健康的食品,我们要远离它们
范志鹏	201800412065	基础医学院	这门课程很有用,能帮助我们对一些畸变疾病的产生作出预防
崔佳琪	201800412086	基础医学院	这门课程很有用,通过学习,我知道了高龄产妇生下畸形儿的概率会大大增加,有毒物质也能诱导畸形儿的产生

续表

姓名	学号	学院	学生评语
沈浩明	201805090132	数学学院	这门课程很有用，我们不能食用有害的食品
王雨蝉	201600100054	物理学院	实验很有用，如果没有这些生物学知识，很可能会被谣言迷惑，比如买盐的狂潮
杨书诚	201600011015	哲社学院	实验不仅丰富了我作为一个文科生的生活，更带来了观念上的冲击，使我能较为理性和科学地认识这个世界
张焕卿	201600242027	口腔医学院	应减少有毒物质的排放、误用和滥用，完善监督、管理机制
刘亚卓	201600220032	公共卫生学院	微观世界很美妙！实验很锻炼动手能力！
薛之渊	201805301343	软件学院	课程很有用，它使我认识到，为了自己的生命安全，应避免与诱变物质接触，降低患病风险
张　欣	201820271292	管理学院	这门课程对我的生活很有用，让我认识到生活中要尽量避免接触有毒物质
刘春发	201822111188	化学与化工学院	实验很有用，它使我学到了一定的知识，了解到有毒物质会使细胞产生微核，对自身的生活造成影响，因此在日常生活中要远离有毒物质
张　鑫	201805210108	环境学院	生物知识对于我们的生活有重要意义，学习生物知识益处无穷
宣慧哲	201800210094	环境学院	让我们学会了珍爱生命，尽量避免接触有毒物质
丁沐河	201700301062	计算机科学学院	转基因食品确实是一种技术进步，在保证安全的情况下可以进行推广
王　昊	201700301271	计算机科学学院	通过这门课程，我知道了转基因生物携带的外源基因是自然界中本就存在的，且表达受到严格控制
黄　琨	201700090034	数学学院	通过这门课程了解到 PCR 技术可以用于癌症的早期检测
周超越	201700301050	软件学院	通过学习这门课，知道了可以利用微量证据破案等，非常有趣
韩志辉	201700301242	软件学院	通过这门课知道了微量 DNA 可以大量复制，可以用于生活的很多方面，很有趣

第二节　通识课程“生活科学化，科学趣味化”引发广泛关注和好评

笔者所在团队打造的高校创新生物学通识课程让原本较为枯燥的生物学课堂充满了诗情画意，让较为理论化的生命科学知识充满了趣味。通识课程的“生活科学化，科学趣味化”引发了广泛的关注及好评，国内多家网络媒体、纸质媒体、电视媒体等都对此进行了报道，如《济南日报》、“齐鲁党报网”和网易新闻的报道《教授和学生一起玩转科学》，《齐鲁晚报》官方微博、网易新闻、凤凰资讯的报道《山大生物趣味实验成“抢手货”，博导教授手把手教学》，中国山东网、齐鲁网的报道《山大生物实验课贴近生活・博导教授手把手现场教》，济南教育网的报道《速来围观！教授和学生在实验室玩 high 了！》，山东省委组织部《党员干部之友》的报道《山东大学生命科学学院：“抢手”的趣味生物课》，济南电视台新闻频道播放的专题片《令人着迷的生物课》，等等，均在校内和校外产生了广泛的影响(见图 4-1)。

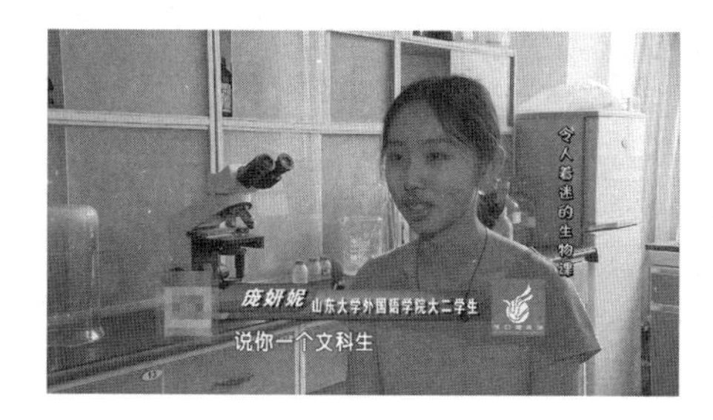

图 4-1　济南电视台的报道“令人着迷的生物课”截图

现对相关报道摘录如下，文字及图片略有改动。

一、《济南日报・政教周刊》的报道“教授和学生一起玩转科学”

2017 年 3 月 18 日，周六早上 7 点半，山东大学中心校区的校园里，与梦想相伴的脚步已经开始变得匆忙……

上大一的小李一早就坐学校班车从趵突泉校区赶来，希望能为当天上午的趣味生物学实验课占个好座位。而此时，生命科学学院的副教授刘红和高级工程师赵晶已在各自的实验室里为上午的课程做起了准备。这一天，趣味生物学实验课还迎来了一群特殊的“旁听生”，他们是来自历城区稼轩中学的 11 名即将参加生物奥林匹克竞赛的初三学生。“听说有机会到山大来听一堂生物课，我们几个兴奋了好久”，学生庄天乙这样说道。

接下来的 4 个小时，他们将在教师的指引下把科学“玩转”起来……

(一)用大肠杆菌作画，艺术生直呼“惊艳”

“8 点开始上课，但这会儿肯定已经来了不少同学，能不能占到好的座位不敢说。”果不其然，当记者和小李一同走进实验室时，时针刚指向 7 点 45 分，定额 30 人的课堂已经来了将近 20 名学生。小李告诉记者，虽然这门课只有 1 个学分，而且 32 个课时全部安排在周末，但想要选到这门课就要拿出“双十一”抢购心仪物品的状态，毕竟，在学校开设的通识公选课中，趣味生物学实验课被评为“最受欢迎的选修课”之一。

和小李同样兴奋的，还有第一次走进大学生物实验室的 11 位初中生。实验台上各种瓶瓶罐罐和实验设备都让他们觉得新奇不已，“没想到哥哥姐姐们也会这么积极地来上课，毕竟是周末，和我们想象中的大学生活不太一样”，庄天乙这样说道。

当刘红打开挂在墙上的投影幕布准备上课时，实验室已经被赶来上课的学生坐了个满满当当。她今天要上的课是趣味分子生物学。“我就是冲着‘趣味’二字才选修这门课的，否则分子之类的知识，对于我这个学绘画专业的学生来讲可能都听不懂”，来自学校艺术学院的小张笑言，科学生活化后真的很有趣。

“当一具已经腐败，通过肉眼难以辨别性别、年龄的尸体被发现时，办案民警的一项首要工作大概就是确认死者身份吧！这就需要用到我们的分子生物学技术。”刘红的课程从警方办案开始，这开场白很快就抓住了在座非生物学专业学生的注意力。没有太多生物学理论的深入讲解，在介绍清楚实验原理后，课程很快就进入了实际操作环节。

从人类性别的分子鉴定到大肠杆菌绘图与诱导发光，从为学生揭开遗传性状的神秘面纱到让学生们直观感受基因工程、转基因等分子生物学技术的奥秘，记者注意到，冲着“趣味”二字走进课堂的小张听得有滋有味。“我突然发现，做实验和画画一样有趣，一样可以被注入生命力。最重要的是，我竟然有机会用大肠杆菌的实验操作菌株画画(见图 4-2)，我想很多大画家也不一定有这样的经历，太惊艳了”，小张这样说道。

图 4-2　几名初三学生在老师的指导下用大肠杆菌“作画”

(二)人工造琥珀,他们“玩”得足够专业

在另一间实验室里,赵晶则正在指导学生们用显微镜观察草履虫的形态和运动,手机则成了见证科学的仪器。

据赵晶介绍,当同学们在显微镜下看到生动的草履虫后,可将手机镜头对准显微镜的目镜进行拍照(见图4-3和图4-4)。草履虫是很“淘气”的,能捕捉到一张好的照片并不是一件容易的事。旁听的初中生们告诉记者,在他们的生物课上,也会学习单细胞生物草履虫,但却没有这么细致地观察过,这让他们突然觉得草履虫原来这么神奇和美丽。

图4-3　赵晶在指导学生通过显微镜观察草履虫

图4-4　学生在学习使用显微镜

与此同时,在另一座操作台旁,助教杨爱玲正忙着搅动放在加热器上的松香块,好让它尽快融化。这是赵晶为学生们准备的第二部分内容——人工琥珀动物标本的制作(见图4-5)。别看这是个只有三四步就可以完成的实验,为了让选修这门课的学生能够完美地体验整个制作过程,赵晶着实花了很多心思。

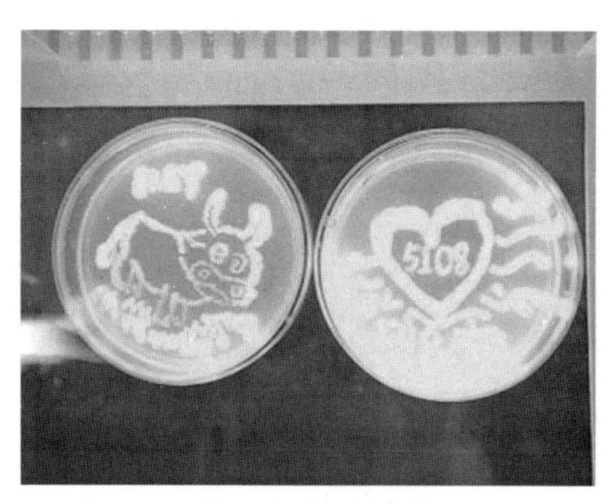

图4-5　大肠杆菌画作和琥珀标本成品

“光是用来制作人工琥珀动物标本的生物,我们就前后试了五六种,从蜜蜂到小螺壳，从普通蚂蚁再到目前我们使用的日本弓背蚁，就是希望能让学生们在实际操作的过程中观察到最多的细节”，赵晶这样说道（见图 4-6）。

图 4-6　学生在助教的指导下制作的人工琥珀植物标本

“为了让学生们在这门课上可以玩得足够专业，我们这些教授也经过了好多轮讨论和梳理，通过寻找各自研究领域内可进行简单操作的实验项目，通过实际尝试，最终才确定了课程内容”，教授张燕君这样说道。

现在，这门 32 个学时的课已经涵盖了包括动物学、植物学、人体生理学、遗传学、微生物学、生物化学、分子生物学和生态学等绝大多数基础学科，涉及十多个兼具科学性、趣味性和可扩展性的生物学实验。除了上述实验外，学生们还会在课堂上制作酸奶，自制个性化的试管苗挂坠，学习农药残留检测，等等。

（三）教授是“活教材”，通过“科学生活化”激发学生的兴趣

“虽然这门课才开设了 2 年，算是一门比较‘年轻’的课程，但参与教学的老师都是院里的骨干力量，包括 4 位教授、3 位副教授和 1 位高级工程师。不仅如此，我们每年都会根据学生对课程的反馈，对课程进行微调”，山东大学生命科学学院副院长郭卫华这样介绍。他们希望通过开设一门面对全校学生的公选通识课，让更多的学生走进生物学课堂，了解一些生物学知识。同时，这也是学院里教师团队进行创新和对学科重新发现的过程——通过将高深的生命科学知识“生活化”，使学生享受到学习的乐趣，真正成为学习的主人。

这门“教授带着学生玩着学”的课程不仅很受本校学生的追捧，还引起了很多社会关注。目前，山东大学生命科学学院已与出版机构签订了《趣味生物学实验课程》的数字化教材出版合同，相关视频、幻灯片、图片和书稿也已交给出版机构进行排版了。

“让我最感动的是有位学生在课程结束时给我的一句留言：‘经过 8 周的学习，我突然发现，原来生物科学不仅可以很严谨，还可以很有趣，更可以很艺术。’”刘红这样说道，这应该是对他们课程的最大肯定了。

而随着采访的深入，记者了解到，在山东大学，这样有趣的公选课还有很多。在“山大视点”的公众号推送中，学生们列举了包括孙子兵法、体育舞蹈、伦

理学与人生、皮肤美容与皮肤手术等，都是山大校园里的“人气”课程。

在山东大学，人才培养是一个体系，除了优秀人才的选拔，根据山东大学本科生院院长赵炳新的说法，还要“让学科实现融合，为山大学子们营造一种可以激发他们深入探索和学习的环境，同时鼓励学生去探索，一直是我们在努力做的”。在他看来，教授是山大学子们的“活教材”，山大的教学理念需要教授的实践，更需要学生的参与；而好的课程，或者说能激发起学生们兴趣的课程则是最肥沃的育人土壤。

二、《齐鲁晚报》的报道“边玩边学，趣味实验课成‘抢手货’”

观察显微镜下的“小人国”，了解微生物的培养与菌落形态；从牛奶中分离蛋白；检验食物中的农药残留；把细胞团培养成植物植株，了解植物的组织培养、无土栽培……这些在文科生看来高深莫测的生物实验，经过两年的积累和发展，如今竟成了山东大学生命科学学院全校通选课的“抢手货”。想听这些贴近生活的趣味生物学实验课，是要“拼手速”去抢的。

（一）文科生在实验室自制酸奶和琥珀

2017 年 3 月 25 日一早，原本冷清的山东大学生命科学学院南楼开始热闹起来，两个班共 60 名学生从山东大学兴隆山、软件园、洪家楼、趵突泉等各个校区赶来，有的学生甚至早上 6 点多就起床，只为了一个共同的目标：到中心校区上一节趣味生物学实验课。

“高中生物课本中会讲到组织培养，但是都停留在课本和课件上，学生无法亲自动手做实验，感受细胞团分化成个体的过程”，在趣味生物学实验课上，山大生科院博导向凤宁教授这样说道。

向凤宁教授主讲植物组织培养和微型标本制作，在讲解完植物组织培养的知识后，她让学生开始自制个性化的试管苗挂坠。

植物组织培养与试管苗诱导只是趣味生物实验课数个实验中的一个，此外，还有人体电生理信号的采集分析、环境中诱变物质的微核测试、显微镜下的“小人国”、牛奶中酪蛋白的分离制备、人类性别的分子鉴定、大肠杆菌绘图与诱导发光、人工琥珀的制备以及植物鉴赏等。每个实验都是一次课，共 4 个课时。虽然课程只有半天时间，但课程的准备过程却有点复杂。“提前一两个月开始准备，学生上课时只需要把培养皿中的细胞团移入装有营养液的小试管中就行了”，生科院讲师冯悟一这样说道。在上课之前，她已经做了大量准备工作。

理科、工科、医学甚至文科学生也选择了生物学实验课。“课程挺有意思的，之前的几节课自己做了酸奶，做了琥珀”，来自新闻学院的陈修心同学这样说道。“虽然自己是文科生，但在生物实验室里上课感觉很有趣。”

(二)第一次感觉到科学这么有趣

"最早是浙江大学开了生物实验课，我去参观学习，回来就想在学校也开一门"，山大生命科学学院副院长、趣味生物学实验课程负责人郭卫华教授这样说道。于是，学院在2015年开了课，每个班有十几个人选课。

课程是面向山大全校本科学生开设的，涵盖了动物、植物、微生物、人体生理、生化、遗传、分子、生态等生命科学领域的绝大多数基础学科。通过多个兼具科学性、趣味性，而且与生活密切相关却又操作简单的生物学实验，让学生们在学习生物科学的同时，也能理解和思考人与自然和谐发展的重要性和必要性。

随着课程慢慢地形成体系，选课的学生也慢慢多了起来。很多同学留言表示"第一次知道科学可以这么有趣""科学可以很艺术"等。在学生所需学分大幅缩减的当下，该门课程本期的8个班全部爆满。

在郭卫华教授看来，山东大学的趣味生物实验课与浙江大学的有些不同。"浙大的课程主要依托生物实验教学中心，而我们的是让全院各学科老师共同参与支持"，她说。

根据生科院统计，目前除了普通讲师，整个课程的8个实验由4位教授、3位副教授、1位高级工程师讲授，可以说是"阵容豪华"，其中包括微生物技术国家重点实验室的凌建亚教授和植物细胞与分子实验室的向凤宁教授等。

"身教重于言传，好老师就是好教材，名师和名家走入课堂是对学生最好的教育。"在山东大学本科生院院长赵炳新看来，趣味生物学实验课很好地实践了以学生为中心的教学理念，把探究式、互动式、体验式教学融入了课堂。

就是这门"玩着学"的课程，山东大学生命科学学院现在已经与出版机构签订了《趣味生物学实验课程》的数字化教材出版合同，相关视频、幻灯片、图片和书稿已交给出版社进行排版。

三、《党员干部之友》的报道"山东大学生命科学学院：'抢手'的趣味生物课"

在当前社会关于食品、医疗、保健等的纷纷扰扰的争议中，要想站稳科学的立场，需要每个人都掌握一些生命科学方面的基础知识。本着增强大学生健康和环保意识，培养正确的生命观，提高科学素质的目的，山东大学生命科学学院党员骨干教师们经过密集的调研、讨论和试验，摸索创建了"趣味生物学实验"这门面向全校本科生的公选通识课，将高深的生命科学知识趣味化、生活化。

趣味生物学实验课程涉及从宏观到微观、从人体到环境等不同的层面，涵盖了动物、植物、微生物、人体生理、生化、遗传、分子、生态等生命科学领域的绝大多数基础学科，包括十多个兼具科学性、趣味性和紧密联系生活的生物学实

验。例如，“诱变因素的微核测试”让学生从染色体水平上认识环境中的有害因素对健康的影响，引导他们学会更好地保护自身健康，深刻体会保护环境的重要性；“大肠杆菌绘图与诱导发光”让学生直观地领会转基因技术的神奇，理解并思考分子生物学技术对人类的影响；“农药残留的检测”让学生了解如何更有效地去除农药残留，并在课堂上吃自己亲手检测过的时令水果；“人体电生理信号的采集分析”以心电图的采集分析为例，让学生了解和熟悉自己的身体；“植物组织培养与试管苗挂坠”不仅让学生自制个性化的试管苗挂坠，更让学生对植物组织培养和无土栽培有了全面的了解；“显微镜下的‘小人国’”引领学生认识与人类关系紧密却肉眼看不见的微生物类群；“人类性别的分子鉴定”利用性别这一显著却又神秘的遗传性状，让学生亲手实践并深刻理解亲子鉴定和法医鉴定的原理；“草履虫形态和运动的观察”使学生体会到了生命和进化的奇妙；还有神奇的大自然过程的模拟——“人工琥珀动物标本的制备”，让学生可以亲手制作一个匠心独运的琥珀……趣味生物学实验课程很好地实践了以学生为中心的教学理念，把探究式、互动式、体验式教学融入了课堂之中。

根据生科院统计，目前除了普通讲师，整个课程的实验由 4 位教授、3 位副教授、1 位高级工程师讲授，可谓是“阵容豪华”，其中包括微生物技术国家重点实验室的凌建亚教授、植物细胞与分子实验室的向凤宁教授等。牵头负责课程开发的生命科学学院党委委员、副院长郭卫华介绍，希望通过这门公选通识课，让更多的学生走进生物学课堂，在了解一些生物学知识的同时，享受到学习的乐趣，真正成为学习的主人。

开课两年来，有近千名山大学生选修了这门课。在他们当中，有理科生、工科生、医学生，也有文科生、艺术生和体育生。他们每个周末从各个校区来到生命科学学院，满怀热情，兴趣高涨。如今，这门课程成了“抢手货”，想在网上选上这门课，是需要“拼手速”去抢的。这门趣味盎然的科学课程还吸引了社会的关注，一些中学师生慕名前来旁听。目前，生命科学学院已经与出版机构签订了《趣味生物学实验课程》的数字化教材出版合同，有望让这门课程推广到更大的范围内，为提高全民的科学素质添砖加瓦。

“让学科实现融合，为山大学子营造一种可以激发他们深入探索和学习的环境，同时，鼓励学生去探索，一直是我们在努力做的”，山东大学本科生院院长赵炳新这样说道。在他看来，教授是山大学子们的“活教材”，山大的教学理念需要教授的实践，需要党员骨干教师的率先垂范，更需要学生的参与；而好的课程，或者说能激发起学生们兴趣的课程，则是最肥沃的育人土壤。

第三节　其他教学和社会学习者对此课程的线上线下应用

笔者团队的生物通识课程开展线上和线下混合教学的模式，线下课程开设于2015年，是山东大学生命科学学院的本科生选修课，目前已有约2000人选课，成为山东大学最受学生欢迎的名牌课程之一。山东大学官方微信公众号将此课程推荐为“最受学生欢迎的选修课”，该课程还入选了山东大学“示范课堂”。在线课程开设5期以来，深受学生欢迎，是山东大学的学分认定课程。

本课程在中国大学慕课平台上的评价为五星4.9分，前三期选课人数总数为6859人，第4期选课人数为5539人，第5期选课人数为3257人，并已签约中国大学慕课向全国高校推荐开设的优秀课程。选课学生来自137所高校，其中包括北京大学、浙江大学、中国科学院大学、复旦大学、厦门大学等国内知名高校及青海大学、内蒙古师范大学、榆林大学等西部高校，以及贝尔法斯特女王大学、印第安纳州普渡大学等国外高校。

除了高校之外，还有来自山东省实验中学、济南历城二中、东莞市常平中学、东莞市第一中学、东莞市塘厦中学等中学的学习者；课程还为河南外国语学校培训了师资力量。2018年，在复旦大学召开的全国生物通识实验课教学交流会上，笔者所在的课程团队成员汇报了项目的建设与进展情况，受到了极大的关注和好评。

一、慕课评价

本课程的慕课评价如表4-2所示。

表4-2　本课程的慕课评价

网名	评语
露水小仙女	特别喜欢山东大学陈老师的授课方式，15个人的圆桌学习讨论实验让实验演示更加清晰；授课中无意的风趣和引申，让一个科学家的俏皮跃然在课堂上；实验过程讲解逻辑性强，这些都是我在以后教学过程中要学习的地方。其他老师的授课同样精彩，希望可以在后期学习过程中能够再次听到几位老师的课
格润666	学到了很多平时专业课上学不到的知识，老师讲课条理清晰且生动有趣
煋螟	学完这个课程的收获真的很多，也学到了很多
孙琳	在山上观察的过程中，老师普及了太多太多的知识，摸摸叶片，竟觉得有太多的感情。希望还有这样的机会去体验不同的世界
政管学生201800032056何思勤	该课程老师讲解清晰，课程安排有趣合理，凸显出了科学的趣味性，内容充实，考核题目也都在课堂内容中有过详细讲解。很棒！

续表

网名	评语
zyhhhhmooc	内容丰富,知识点全面,收获很多
uuuuuuya	太好了,唤起了我对以前学生物的回忆,非常有趣!
ozaozamooc	课程兼顾趣味性与知识性,是一门好课
南之乔木	趣味生物学实验真的很有趣,老师用浅显易懂的话为我们解释生活中的小现象,带着我们动手去做实验,去观察认识校园里的一草一木,感谢这门课程的设计者和所有老师。
mooc 72047948438754459	趣味生物学实验与日常生活息息相关,简单易学,非常有趣,从中学到了许多相关知识。
BIURET	趣味生物实验这门课用轻松的方式,让我们对复杂的生物实验有了比较深刻的印象与理解,并且对生物这门学科产生了浓厚的兴趣
Eugene_Lee	讲解清楚,拉近了生物学与生活的距离
陈小燕 k122870617355109322	课程很好,弥补了高中上课的局限性,实验很有趣,老师讲解很认真细心
红栀 mooc3	特别喜欢这节课,了解了很多关于生物的知识,而且不枯燥,很有趣味性
1260679639	课程内容非常有趣,能够开拓视野,非常棒!
ghx8356163com	课程跟线下配套,做实验前学习体验更好
番茄酱炒沙拉	丰富多彩的趣味生物学实验拓展了我的知识面,让我感受到生物学独特的魅力
mooc2000 圣	同学推荐我学的,这个课真的不错!
Lwisdom	这门课很有意思,老师讲得也很好,与我们平时做的实验都很接近。好评!
Timelessqi	超级棒棒哦!
兔芥末	课程新颖有趣,教学效果非常好,力推!
SDU 张晓政	有生物学各个方向的不同实验,很有趣,在娱乐中学习,强烈安利!!!
mooc 1039673166299030	讲课风趣幽默,课程设置合理有趣,希望越做越好!!
蓝色梦想 2018	课程太棒了,让我这个文科生感受到了理科的亲近感
comechem163co	实验带理论的方式不错,理论—实践—理论=再实践
tianrun12345	前两个还是很简单,可以自己制作琥珀,哈哈~

续表

网名	评语
more-er	有讲解，有实验操作，不错！实验课题比较接近生活
杜雷妈妈	这门课特别棒！
天天快乐的小老师	首先我很喜欢这门课，这是研究生物学的根本。其次，老师的讲解很透彻，操作很规范，效果非常好。我希望通过这门课程的学习，提高我的教学水平和实验水平，加强培养学生学习兴趣的能力，为把更多的学生引进妙趣横生的生物世界，真正融入自然，我会努力学习的！
新乡市一中李易繁	希望更多一些适应低年级的有趣的实验！或者围绕着科学探究展开！
18级2班吕晓雯	亲自做了许多生物学小实验，感觉很有趣
容容容 er	这些涵盖了植物、动物、微生物等多个方面的课程很有趣
MuffinK	课程组织十分严谨，授课方式生动有趣、形式多样，对我们参与生物学基础实验的学习和巩固非常有帮助！
宋小兰 22 中	非常实用，对于开展课外活动、社团活动非常有帮助
mooc 1039268218773409	关注这个课程很久了，通过学习这门课程掌握了很多知识，给我的学习提供了极大的帮助
liulele622	内容非常丰富，血压、心电图、血型等知识扫盲了
三龙中学咸长荣	哇！超出预期了
黑龙江农垦红局局直二中李春烨	课很好，感觉又上了一遍大学，能听到名校名师的课，太幸福了！
mooc 70061012597824963	关注这个课程很久了，课程设计非常好，老师讲得很专业
仳木渔聪聪	本身作为一名高中生物教师，在紧张的备战高考中，生物实验在课堂上的落实其实并不好。这门课让我对一些教材基本实验细节的掌握更加透彻，在教育学生的时候能更形象有力，丰富了我的实验知识，受益很多，谢谢各位老师

二、通识教育虚拟仿真项目与高校及自然保护区共享应用

笔者所在项目团队打造的通识教育虚拟仿真项目“黄河三角洲湿地生态系统演替与修复实验”获批2018年度国家虚拟仿真项目。通过网络平台，实现了校内外、本地区及更广范围内的资源共享，并与20多家兄弟院校签订了共享协议，包括浙江大学、复旦大学、上海交通大学、中山大学、厦门大学、武汉大学、北京师范大学、南开大学、四川大学、兰州大学、青海大学、石河子大学、内蒙古大学、云南大学、黑龙江大学、山东农业大学、山东师范大学、济南大学、青岛大学、青岛农业大学、烟台大学、鲁东大学等，并获得了这些兄弟院校的一致好评。

在此基础上，笔者所在的项目团队代表山东大学主办了第五届全国生物和食品类虚拟仿真实验教学资源建设研讨会，并在会议上成立了全国生物学和医学领域虚拟仿真实验教学创新联盟，进一步扩大了山东大学和本教学成果的影响力。

下面对相关报道摘录如下，文字及图片略有改动。

（一）“山大要闻”的报道“山大四项目入选国家虚拟仿真实验教学项目”

近日，教育部公布了2018年度国家虚拟仿真实验教学项目认定结果，共有184所高校的296个项目获得认定，山东大学参评的4个项目全部入选，在全国高校中居第6位。

山东大学此次入选的4个项目中，生命科学学院郭卫华教授主持的“黄河三角洲湿地生态系统演替与修复实验”虚拟仿真实验教学项目以群落演替与生态修复为内容，以具有生态典型性和独特性的黄河三角洲湿地生态系统为研究对象，为理论教学提供了虚拟素材，为实验教学提供了辅助手段，打破了课堂实践壁垒，促进了科研教学融合，增加了实验的开放性和趣味性，便于学生自主学习和移动学习，解决了“演替与修复”实验开课难的问题。机械工程学院姜兆亮教授主持的“超高速切削加工虚拟仿真实验”虚拟仿真实验教学项目将科研成果转化为实验教学，采用虚拟仿真技术展示了高速切削加工的全过程，使学生借助高度仿真的虚拟实验环境及设备自主创新学习，避免了超高速切削加工中的可能伤害，将学生不敢做、不能做的实验变为了可能。护理学院王克芳教授主持的“股骨颈骨折合并糖尿病病人护理”虚拟仿真实验教学项目基于临床真实病例，根据患者住院期间的病情变化和治疗护理过程，设计了12个关键临床虚拟场景，通过软件创造虚拟仿真的临床环境和诊断处置过程，让学生综合运用多学科知识，不断“闯关”，解决患者在不同场景下存在的临床问题，提高学生发现问题、解决问题的临床思维能力，强化学生的人文关怀能力。新闻传播学院倪万教授主持的“基于多角色扮演的新闻发布交互式演练”虚拟仿真实验教学项目已建设完成四个典型的新闻发布会演练案例，学生可通过单人模式或多人联机模式进行实验，解决了当前实体空间新闻发布教学实训中存在的组织演练繁琐、教学方法匮乏、学生参与度低、教学案例单一、量化考核缺失等问题。近日，学校将选派入选项目代表参加教育部召开的中国慕课大会。

国家虚拟仿真实验教学项目是为贯彻落实习近平总书记关于强化实践育人工作的重要指示精神和全国高校思想政治工作会议精神，根据《教育信息化十年发展规划（2011～2020年）》等相关要求，深入推进信息技术与高等教育实验教学的深度融合，不断加强高等教育实验教学优质资源建设与应用，着力提高高等教育实验教学质量和实践育人水平而设立的，2017～2020年将建成1000个左右的国家虚拟仿真实验教学项目。此前，山东大学先后组织了国家虚拟仿真实验教学项目的申报、交流和校内推荐评审工作，并组织专家对项目进行指导，山东省教育厅也对学校国家虚拟仿真项目提供了大力支持。为推进“一校三地”虚拟实验资源的开放共享，学校正在建设校级虚拟仿真实验教学共享平台，目前正在试运行阶段，下一步将持续开展虚拟实验资源建设，拓展实验内容的深度和广度，延伸实验教学的时间和空间，通过线上线下相结合的实验教学新模式，不断提高学生的实践能力和创新精神。

山东大学虚拟仿真实验教学共享平台网页如图4-7所示。

图4-7　山东大学虚拟仿真实验教学共享平台网页

(二)“校区要闻”报道的“‘黄河三角洲湿地生态系统演替与修复实验’入选教育部2018年度虚拟仿真实验教学项目”

近日,生命科学学院“黄河三角洲湿地生态系统演替与修复实验”入选教育部2018年度国家虚拟仿真实验教学项目。此次,教育部从全国高校申报的生物科学类项目中共认定国家级虚拟仿真项目20项,山大项目因选题科学、设计合理、成效突出在众多项目中脱颖而出。

黄河三角洲湿地生态系统演替与修复实验依托生命学院动物学、植物学、微生物学、生态学专业,打造了特色虚拟仿真实验教学项目。其特点包括:

(1)开放式教学虚实结合,提高学生的学习效率。项目通过虚拟场景以及图片、影像等资料,使陌生抽象的生态系统演替与修复变得直观具体,增强了学生对知识内容的认识和理解,解决了多数学生无法全面把握不同类别生物的细致特征、群落演替、生态系统修复的问题。在群落演替的实验中,可以采用“空间代替时间”的办法来探讨群落的演替进程和特点,以此加强学生的实际动手能力,做到虚拟实验与真实实验课堂相互补充,实现“虚实结合、以虚补实、以虚促实”的目的。

(2)问题式启发教学,激发学生的学习兴趣。群落演替和生态系统修复实验知识点多,内容涉及学科广。为了调动学生学习的积极性,培养学生的创新思维,教师们基于科研结果,设计了黄河丰水期、平水期和枯水期的不同演替路线,激发学生观察、探索各个群落演替阶段的特点,虚拟实验操作和问题贯穿在整个实验中,激发了学生对实验原理的思考,并掌握与实验相关的基础知识点。在巩固学生理论知识,训练学生动手能力的基础上,提高了学生的学习兴趣,达到了增强学生学习主动性和创造性的教学效果。

(3)研讨式互动教学,引导学生自主学习。项目针对群落演替和生态系统修复实验中的难点和重点问题,设置了开放性课题,设置了虚拟助教小精灵“灵灵”,妙趣横生,通过即时人机互动,引导学生进行自主学习,培养学生运用知识解决问题的能力。研讨式互动教学通过学生查阅文献、撰写实验报告或制作幻灯片和具体实践、讨论,促进学生的自主学习和思考,使学生在研讨中培养科研素养,提高创新能力。

(4)多样化考核指标,提高学生的实验教学效果。通过线上(虚拟实验操作)和线下(实体实验操作)综合考核,提高学生学习的积极性、主动性和创新性。项目采用开放性课题研究方式,增加了项目的趣味性、科研性,锻炼了学生的创新能力与科研能力,培养了学生在实验中发现问题并解决问题的能力,引导学生主动地学习,改革实验课程教学,提高实验教学质量。

为推动信息技术与教育教学深度融合,促进优质教育资源的应用与共享,青岛校区强化了“以能力为先”的人才培养理念，主动对接，重点支持培育，积极推动虚拟仿真实验教学项目的建设与申报工作。

(三)“山大视点”报道的“体验、互动、探究，解锁最受学生欢迎的生物学通识课程”

日前，山东大学开展了校级本科教学成果奖评审工作，在全校范围内评选出了50项优秀教学成果，涵盖一流本科教育体系建设、人才培养模式改革、学科专业与课程体系建设、教学内容更新与教学方法改革、创新创业教育改革、实践能力培养、教学团队与高水平师资队伍建设、教学管理与质量保障体系建设等内容，全部是经过长期积累、创新性强，并取得了良好应用效果的成果。为引导广大教职医务员工积极投身教育教学研究与改革实践，进一步提高本科生教学水平和教育质量，特推出“教海撷英”系列报道，展示获奖教学成果的典型经验做法，发挥示范引领作用，推动持续深化改革，狠抓内涵建设，不断提高人才培养质量。

1.体验、互动、探究，解锁最受学生欢迎的生物学通识课程

你想让晦涩难懂的生物学课堂充满诗情画意吗？想唤醒自己全身的艺术细胞吗？想主宰你的生物学课堂吗？来，“趣味生物学实验”带你走进生命科学知识的海洋，模拟和重现神奇的大自然，让高深的生命科学知识充满趣味！

日前，由郭卫华教授带领的教学团队共同完成了“体验式、互动式、探究式的高校创新生物学通识课程建设与示范”教学成果。该成果以“生活科学化、科学趣味化”为课程设计理念，采用线上线下教学相结合的“个性化、智能化、泛在化”的实验教学模式，将“体验式、互动式、探究式”的教学方式融入通识教育中，探索出了高校创新生物学通识课程建设新模式，荣获了山东大学教学成果奖一等奖。

2.数字教材支撑，创建线上线下课程

生命科学代表了现代科学发展的最前沿，现代生物学基础知识已经成为高素质、复合型人才知识结构的重要组成部分。然而，目前高校通识教育中兼具科学性、趣味性的课程较少，难以激发学生的学习兴趣，进而培养学生的创新能力和科学探究精神。

有鉴于此，郭卫华教授项目团队创新了课程设计理念，精心筛选了16个兼具科学性与趣味性，并紧密联系生活的生物学实验，课程内容涉及从宏观到微观、从人体到环境等不同层面，涵盖动物、植物、微生物、人体生理、生化、遗传、分子、生态等生命科学领域的多个基础学科。课程采用专题的形式，项目以实验带动学生对相关生物学知识的理解和把握，体现高校通识课程的教育优势，被评为“最受学生欢迎的选修课”，并入选学校“示范课堂”(见图4-8、图4-9)。

图 4-8　室外上课场景

图 4-9　室内上课场景

项目团队着力开展线上线下混合教学，“趣味生物学实验”慕课课程是中国大学慕课平台上第一门生物学通识教育实验课程，课程以学生熟悉或关注的生活场景导入，打造了生动有趣的课堂氛围，把学生没有条件进行的实验通过演示变得可视化，突出每一个实验的知识点和实验操作、实验结果的内在联系，让学生“眼见为实”，综合运用“体验式、互动式、探究式”的教学方法，实现了知识的逐步深入和科学探究能力的逐步提升。基于在线开放课程的新形态教材《趣味生物学实验数字课程》已于 2017 年由高等教育出版社/高等教育电子音像出版社出版发行，扩大了项目的示范效应和共享范围。

3.凸显学生的主体作用，创新学习模式

针对高校通识课程以大班教学、理论教学、记忆性教学为主，难以发挥学生主体作用的问题，项目团队改革传统的传授式学习模式，转变为“体验式、互动式、探究式”学习模式，教师由知识传输者转变为学习引导者、组织者、参与者，学生由被动接受知识转变为主动融入课堂。

例如，“大肠杆菌绘图与诱导发光”让学生认识微生物转基因技术，理解并思考分子生物学技术对人类的影响；“农药残留的检测”让学生了解如何更有效地去除农药残留，并在课堂上吃亲手检测过的、放心的时令水果；“人体电生理信号的采集分析”以心电图的采集分析为例，让学生了解自己的身体；“植物组织培养与试管苗诱导”不仅让学生自制个性化的试管苗挂坠，更让学生对植物组织培养和无土栽培有了一个全面的理解；“人工琥珀动植物标本的制备”则让学生模拟神奇的大自然过程，自制千姿百态的琥珀吊坠(见图4-10)。

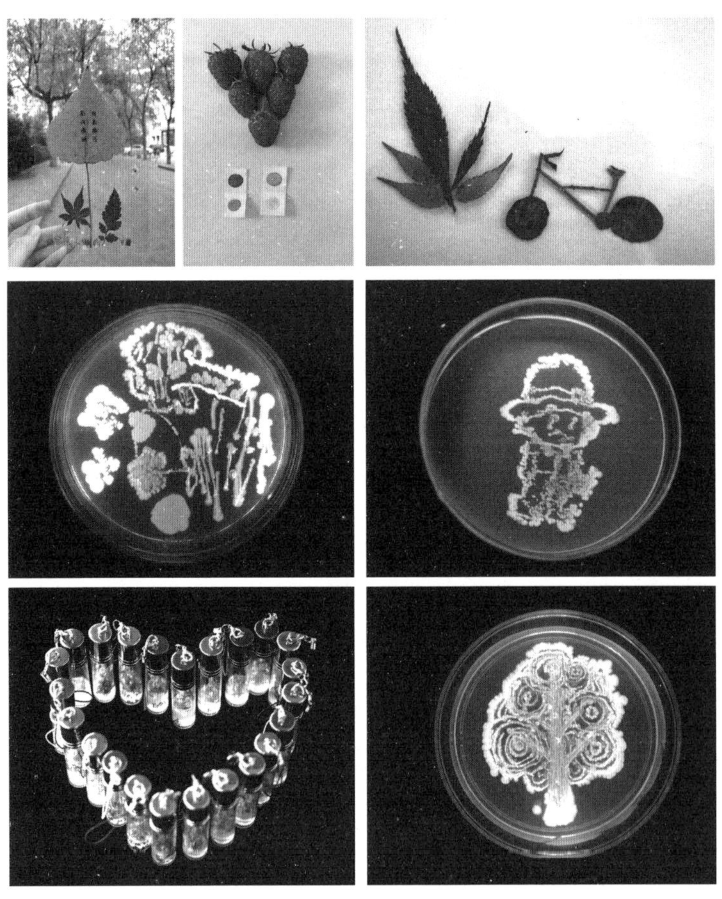

图4-10　学生在实验课上完成的作品

在生动、鲜明、奇妙的听觉、视觉、触觉、嗅觉冲击下，教师引导学生产生了浓厚的求知欲，更好地体验和探究了更加全面、新颖、前沿、准确的科学知识、实验技能和治学理念，让枯燥的生命科学知识充满了趣味。学生在兴趣驱动下激发了创新热情，充分发挥了主体作用，有效培养了创造性思维、创新精神和创新能力。

4.虚拟仿真"智能＋教育"的复合培养模式，拓展实验广度与深度

目前，通识教育课程往往存在科学定位较低、实验开课难、挑战度不足的问题，针对这一情况，笔者所在的课程团队打造了"个性化、智能化、泛在化"的实验教学模式。团队推进现代信息技术与实验项目深度融合，充分利用3D仿真、全景技术、动画技术等信息技术，采用ZBrush软件进行基础建模，通过C语言实现3D交互，建立常见动植物的精细3D模型，构建虚拟仿真模块，还原真实场景，让学生完成群落演替、生态修复等野外综合实验内容，在传授知识和技能的基础上，激发学生的兴趣和创新意识。

项目团队打造的通识教育实验教学内容"黄河三角洲湿地生态系统演替与修复实验"突破了时间和空间的限制，为实践教学提供了辅助功能，打破了课堂和实践的壁垒，缓解了科研、教学之间的冲突，为理论教学提供了虚拟素材。该项目虚实结合、以虚补实，实现了随时随地学习、自主学习，并为学生提供了开放性研究课题，获批2018年度国家虚拟仿真实验教学项目。群落演替与生态修复虚拟仿真实验教学项目实现了线上线下教学相结合的个性化、智能化、泛在化实验教学新模式。"智能＋教育"复合培养模式拓展了通识教育实验教学的广度与深度、高阶性与挑战度。在此基础上，项目团队代表山东大学主办了第五届全国生物和食品类虚拟仿真实验教学资源建设研讨会，并在会上成立了全国生物学和医学领域虚拟仿真实验教学创新联盟，进一步扩大了山东大学教学成果的影响力。

项目团队有多名教师，均为经验丰富的一线教学、科研人员，研究领域包括生态学、植物学、动物学、微生物学、遗传学、发育生物学、生理学、分子生物学、功能基因组学。项目成员中，既有具备深厚理论基础与实践经验的资深学者，又有精力充沛、善于钻研的年轻教师。他们共同打造的高校创新生物学通识课程"生活科学化，科学趣味化"建设成效显著，有多家媒体进行了报道，引发了广泛的关注及好评。

今后，笔者所在的教学团队将以培养基础知识宽厚、创新意识强烈、具有良好自主研究能力和动手能力的通识型人才为目标，秉承"体验式、互动式、探究式"教学理念，进一步优化生物学通识课程建设，全面提升学生的综合素质。

第四节 第五届全国生物和食品类虚拟仿真实验教学资源建设研讨会

为贯彻落实教育部《教育信息化2.0行动计划》精神，推动虚拟仿真创新联盟工作，推进信息化技术与实验教学的深度融合，加强实验教学优质资源的建设与应用，展示实验教学改革与创新成果，提高实验教学质量和实践育人水平，促进各虚拟仿真中心的交流合作与虚拟仿真实验教学项目的共享应用，更好地开展虚拟仿真实验教学研究、咨询、指导、服务等工作，由高等学校国家级实验教学示范中心联席会生物和食品学科组、高等教育出版社、山东大学联合主办了第五届全国生物和食品类虚拟仿真实验教学资源建设研讨会，会议于2019年5月17～19日在青岛召开。

会议主题为虚拟仿真实验教学项目的共享应用，会议内容包括国家虚拟仿真实验教学项目建设的典型经验交流，虚拟仿真教学资源的建设、开放共享与应用，探讨虚拟仿真实验教学项目与实验教学的深度融合，虚拟仿真实验教学中心建设的拓展与创新。

主办单位为高等学校国家级实验教学示范中心联席会生物和食品学科组，高等学校国家级实验教学示范中心联席会植物、农林、动物、水产学科组，高等教育出版社，山东大学，虚拟仿真实验教学创新联盟生物领域工作委员会。协办单位为吉林大学生物国家级实验教学示范中心、吉林大学化学·生命科学专业国家级实验教学示范中心、南京莱医特电子科技有限公司。

参会人员为高等学校国家级实验教学示范中心联席会成员单位代表，各国家级、省市级虚拟仿真中心代表，动物学、植物学、生物工程和生物医学工程等虚拟仿真实验教学创新联盟成员单位代表，虚拟仿真技术相关开发机构和企业代表，以及有关高校生命科学学院院长、教学副院长和专业负责人。

郭卫华教授在会议上做了题为“群落演替与生态修复虚拟仿真实验教学系统建设与应用”的汇报，相关幻灯片节选见本书附录。

以下是对相关报道的摘录，文字及图片略有改动。

(一)“山大视点”的报道“山东大学主办全国生物和食品类虚拟仿真实验教学资源建设研讨会”

2019年5月18～19日，第五届全国生物和食品类虚拟仿真实验教学资源建设研讨会在山东大学青岛校区召开。会议由高等学校国家级实验教学示范

中心联席会生物和食品学科组，高等学校国家级实验教学示范中心联席会植物、农林、动物、水产学科组，高等教育出版社，山东大学，虚拟仿真实验教学创新联盟生物领域工作委员会联合主办，山东大学生命科学学院承办，南京莱医特电子科技有限公司协办。来自清华大学、吉林大学、武汉大学等近 70 所高校及教育部高教司、高等学校国家级实验教学示范中心联席会、高等教育出版社等单位的近 200 位专家学者出席了会议。

本次大会的主题是“虚拟仿真实验项目的共享应用”。山东大学青岛校区副校长韩明涛出席了研讨会并致辞。教育部高教司课程教材与实验处的张庆国调研员在致辞中表示，虚拟仿真实验教学项目对推进“智能＋教育”，推动高等教育质量的“变轨超车”具有重要意义，同时对生物和食品学科领域虚拟仿真实验教学工作给予了充分肯定。高等学校国家级实验教学示范中心联席会生物和食品学科组组长、吉林大学教授滕利荣在致辞中梳理了国家虚拟仿真实验教学项目的认定情况，以及面向高校和社会免费开放并提供教学服务的要求，同时强调了本次会议对虚拟仿真教学资源建设与开放共享、探讨虚拟仿真实验教学项目与实验教学的深度融合以及虚拟仿真实验教学中心建设的拓展与创新的重要作用。高等教育出版社生命科学与医学出版事业部主任吴雪梅在致辞中期待此次会议能够促进虚拟仿真相关技术的应用与发展，为培养高质量人才开辟新途径，提供新方法。开幕式由山东大学资产与实验室管理部部长朱德建主持。

国家虚拟仿真实验教学项目共享平台负责人、虚拟仿真实验教学创新联盟执行秘书长王宏宇首先作了题为“国家虚拟仿真实验教学项目建设情况”的报告，详细介绍了我国目前虚拟仿真教学项目的开展情况。他表示，在国家的大力支持与号召下，全国掀起了新一轮实验教学信息化的热潮，众多高校都对此高度关注，并积极参与到了虚拟仿真实验教学项目的建设中来，这必将对我国高等教育改革事业产生巨大的推动力，对于中华民族伟大复兴的中国梦和“两个一百年”奋斗目标的实现具有重要意义。虚拟仿真实验教学创新联盟理事会秘书长、清华大学实验室与设备处处长黄开胜作了题为“虚拟仿真实验教学项目的推进与创新联盟的使命”的报告，介绍了虚拟仿真实验教学创新联盟的建立初衷及其行动目标，明确了联盟的工作重心，并强调了联盟在推进中国虚拟仿真实验教学项目的共享应用和建立高等教育信息化实验教学新体系方面的重要作用。

南京农业大学崔瑾教授、上海海洋大学食品学院院长谢晶教授、山东农业大学姜世金教授、华南农业大学库夭梅副教授、山东大学郭卫华教授、华中师范大学李兵教授、陕西师范大学孙燕教授、华中农业大学齐迎春研究员、四川大学熊莉实验师、暨南大学黄柏炎教授、曲阜师范大学姜曰水教授、南京莱医特电子科技有限公司技术总监魏炜分别介绍了各自单位虚拟仿真教学项目的建设情况，并就项目建设过程中的经验心得与到会专家进行了交流讨论。

2019 年 5 月 18 日下午，还召开了虚拟仿真实验教学创新联盟生物领域工作委员会成立大会（见图 4-11）。王宏宇代表联盟宣布虚拟仿真实验教学创新联盟生物领域工作委员会正式成立，同时宣读了生物领域牵头单位、下属各专业牵头单位和工作委员会成员名单。张庆国代表教育部高教司课程教材与实验室处对委员会的成立表示祝贺，并对虚拟仿真工作的未来规划提出了意见。黄开胜详细解读了联盟的工作章程和工作机制。会议最后，虚拟仿真实验教学创新联盟生物领域工作委员会各专业牵头单位分别对本专业指南的撰写情况和下一步工作计划进行了汇报。成立大会由武汉大学实验室与设备管理处处长雷敬炎主持。

图 4-11　虚拟仿真实验教学创新联盟生物领域工作委员会成立大会人员合影

会议期间，与会专家还参观了山东大学青岛校区图书馆、公共（创新）实验教学中心、生命科学共性研究技术平台、生命学院本科实验教学示范中心（见图 4-12、图 4-13）。

图 4-12 专家们在相互交流

图 4-13 专家参观实验室

本次会议促进了各虚拟仿真中心的交流合作，展示了实验教学改革与创新成果，推动了虚拟仿真创新联盟工作，对生物和食品类虚拟仿真教学项目的建设与发展具有重要的指导意义。

(二)山东大学生命科学学院新闻动态报道“山东大学主办全国生物和食品类虚拟仿真实验教学资源建设研讨会”

2019 年 5 月 18～19 日，第五届全国生物和食品类虚拟仿真实验教学资源建设研讨会在山东大学青岛校区召开。会议由高等学校国家级实验教学示范中心联席会生物和食品学科组，高等学校国家级实验教学示范中心联席会植物、农林、动物、水产学科组，高等教育出版社，山东大学，虚拟仿真实验教学创新联盟生物领域工作委员会联合主办，山东大学生命科学学院承办，南京莱医特电子科技有限公司协办。来自清华大学、吉林大学、武汉大学等近70所高校及教育部高教司、高等学校国家级实验教学示范中心联席会、高等教育出版社等单位的近200位专家学者出席了会议(见图4-14)。

图4-14　第五届全国生物和食品类虚拟仿真实验教学资源建设研讨会人员合影

本次大会的主题是“虚拟仿真实验项目的共享应用”。山东大学(青岛)副校长韩明涛研究员代表主办方山东大学致欢迎词，向出席此次会议的各位领导、各位专家表示热烈的欢迎，期待各位专家能经常到青岛校区交流指导，并预祝会议圆满成功。随后，教育部高教司课程教材与实验处张庆国调研员致辞，并指出虚拟仿真实验教学项目对推进“智能＋教育”，推动高等教育质量的“变轨超车”具有重要意义，同时对生物和食品学科领域虚拟仿真实验教学工作给予了充分肯定。高等学校国家级实验教学示范中心联席会生物和食品学科组组长、吉林大学滕利荣教授致辞并梳理了国家虚拟仿真实验教学项目的认定情况，以及面向高校和社会免费开放并提供教学服务的要求，同时强调了本次会议对虚拟仿真教学资源建设与开放共享，探讨虚拟仿真实验教学项目与实验教学的深度融合，以及虚拟仿真实验教学中心建设的拓展与创新的重要作用。高等教育出版社生命科学与医学出版事业部吴雪梅主任致辞，并期待此次会议能够促进虚拟仿真相关技术的应用与发展，为培养高质量人才开辟新途径、新方法。最后，由山东大学(青岛)副校长、生命科学学院院长谭保才教授代表会议承办方山东大学生命科学学院致欢迎词，期望与会专家不吝赐教，深入交流探讨虚拟仿真项目建设经验，学院也借此机会进一步提高本科教学的人才培养水

平和人才培养质量。开幕式由山东大学资产与实验室管理部朱德建部长主持（见图 4-15、图 4-16、图 4-17、图 4-18、图 4-19、图 4-20）。

图 4-15　韩明涛研究员在致辞

图 4-16　张庆国调研员在致辞

图 4-17　滕利荣教授在致辞

图 4-18　吴雪梅主任在致辞

图 4-19　谭保才教授在致辞

图 4-20　朱德建部长在致辞

国家虚拟仿真实验教学项目共享平台负责人、虚拟仿真实验教学创新联盟执行秘书长王宏宇主任首先作了题为“国家虚拟仿真实验教学项目建设情况”的报告，详细介绍了我国目前虚拟仿真教学项目的开展情况。他指出，在国家的大力支持与号召下，全国掀起了新一轮实验教学信息化的热潮，众多高校都对此高度关注，并积极地参与到虚拟仿真实验教学项目的建设中来，这必将对我国高等教育改革事业产生巨大的推动力，对于中华民族伟大复兴的中国梦和

“两个一百年”奋斗目标的实现具有重要意义。虚拟仿真实验教学创新联盟理事会秘书长、清华大学实验室与设备处处长黄开胜教授作了题为“虚拟仿真实验教学项目的推进与创新联盟的使命”的报告，介绍了虚拟仿真实验教学创新联盟的建立初衷及其行动目标，明确了联盟的工作重心，并强调了联盟在推进中国虚拟仿真实验教学项目的共享应用和建立高等教育信息化实验教学新体系方面的重要作用(见图 4-21、图 4-22)。

图 4-21　王宏宇主任在致辞

图 4-22　黄开胜教授在致辞

南京农业大学崔瑾教授、上海海洋大学食品学院院长谢晶教授、山东农业大学姜世金教授、华南农业大学库夭梅副教授、山东大学郭卫华教授、华中师范大学李兵教授、陕西师范大学孙燕教授、华中农业大学齐迎春研究员、四川大学熊莉实验师、暨南大学黄柏炎教授、曲阜师范大学姜曰水教授、南京莱医特电子科技有限公司魏炜技术总监分别介绍了各单位虚拟仿真教学项目的建设情况，并就项目建设过程中的经验心得与到会专家进行了交流讨论(见图 4-23、图 4-24)。

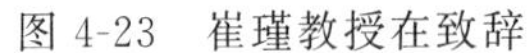

图 4-23　崔瑾教授在致辞

图 4-24　郭卫华教授在致辞

2019 年 5 月 18 日下午，还召开了虚拟仿真实验教学创新联盟生物领域工作委员会成立大会。国家虚拟仿真实验教学项目共享平台负责人、虚拟仿真实验教学创新联盟执行秘书长王宏宇主任代表联盟宣布虚拟仿真实验教学创新

联盟生物领域工作委员会正式成立，同时宣读了生物领域牵头单位、下属各专业牵头单位和工作委员会成员名单。张庆国调研员代表教育部高教司课程教材与实验室处对委员会的成立表示了热烈的祝贺，并对虚拟仿真工作的未来规划提出了宝贵意见。虚拟仿真实验教学创新联盟理事会秘书长、清华大学实验室与设备处处长黄开胜教授致辞，并详细解读了联盟的工作章程和工作机制。会议最后，虚拟仿真实验教学创新联盟生物领域工作委员会各专业牵头单位分别对本专业指南的撰写情况和下一步工作计划进行了汇报。成立大会由武汉大学实验室与设备管理处处长雷敬炎研究员主持。

教育部高教司课程教材与实验处张庆国调研员，虚拟仿真实验教学创新联盟理事会秘书长、清华大学实验室与设备处处长黄开胜教授，武汉大学实验室与设备管理处处长雷敬炎研究员和与会专家分别在会议期间参观了山东大学（青岛）图书馆、公共（创新）实验教学中心、生命科学共性研究技术平台、生命学院本科实验教学示范中心。

本次会议促进了各虚拟仿真中心的交流合作，展示了实验教学改革与创新成果，推动了虚拟仿真创新联盟工作，对生物和食品类虚拟仿真教学项目的建设与发展具有重要的指导意义。

（三）山东大学（青岛）资产与实验室管理处的报道“山东大学（青岛）举办全国生物和食品类虚拟仿真实验教学资源建设研讨会”

2019 年 5 月 18～19 日，第五届全国生物和食品类虚拟仿真实验教学资源建设研讨会在山东大学青岛校区召开。会议由高等学校国家级实验教学示范中心联席会生物和食品学科组，高等学校国家级实验教学示范中心联席会植物、农林、动物、水产学科组，高等教育出版社，山东大学，虚拟仿真实验教学创新联盟生物领域工作委员会联合主办，山东大学生命科学学院承办，南京莱医特电子科技有限公司协办。来自清华大学、吉林大学、武汉大学等近 70 所高校及教育部高教司、高等学校国家级实验教学示范中心联席会、高等教育出版社等单位的近 200 位专家学者出席了会议。

本次大会的主题是“虚拟仿真实验项目的共享应用”。山东大学青岛校区副校长韩明涛出席研讨会并致辞。山东大学青岛校区副校长、生命科学学院院长谭保才代表山东大学生命科学学院致欢迎辞，期望与会专家深入交流探讨虚拟仿真项目建设经验，使学院借此机会进一步提高本科教学的人才培养水平和质量。开幕式由山东大学资产与实验室管理部部长朱德建主持。

会上还召开了虚拟仿真实验教学创新联盟生物领域工作委员会成立大会。国家虚拟仿真实验教学项目共享平台负责人、虚拟仿真实验教学创新联盟执行秘书长王宏宇代表联盟宣布虚拟仿真实验教学创新联盟生物领域工作委员会正式成立，同时宣读了生物领域牵头单位、下属各专业牵头单位和工作委员会成员名单。

会议期间，校区资产与实验室管理处组织陪同与会专家参观了公共（创新）实验教学中心、生命环境研究公共技术平台，并就实验室建设、大型仪器设备共享和虚拟仿真项目培育等工作进行交流讨论。

附　录

附录一　山东省教改项目申请书及立项通知

2018年山东省本科高校
教学改革研究项目立项申请书

项目名称： 体验式、互动式、探究式的高校创新生物学通识课程建设与示范

主 持 人： 郭卫华

申请学校：山东大学

合作学校：

联系电话：0531－88365985

传　　真：0531－88365985

电子邮箱：whguo@sdu.edu.cn

山东省教育厅制

一、简表

项目简况						
项目名称	体验式、互动式、探究式的高校创新生物学通识课程建设与示范					
项目类别	□√面上□重点□重大	重点项目是否同意转为校级自筹	□√是 □否	选题编号	B05	
研究期限	2018年7月至2020年6月					
专业名称	生物科学（面向全校各专业开课）		专业代码	071001		

项目主持人						
姓　名	郭卫华	性别	女	出生年月	1968.10	
专业技术职务/行政职务		教授	最终学位/授予国家		博士/中国	
从事高等教育教学工作时间		2004年7月至今	近3年平均每年面向本科生实际课堂教学时间		112学时	
所在学校	学校名称	山东大学	邮政编码	250100		
			电　　话	0532－58630297		
	通讯地址	济南市山大南路27号				

近5年主要教学工作简历	时间	课程名称	授课对象	学时	所在院系
	2014～2018	趣味生物学实验	本科生	32/年	全校各院系
	2013～2016	生态学	本科生	48/年	生命科学学院
	2013～2018	生理生态学	本科生	32/年	生命科学学院

	时间	项目名称	获奖情况	本人位次
近5年主要教学研究项目及成果	2013～2014	研究型大学理科课堂教学质量评价的规范与创新	校教改项目	1
	2015～2017	生命科学类不同专业特色的本科人才培养模式创新研究	校教改项目	1
	2014	生物类专业多基地、小批量、重实效、求共赢实践教学模式的探索与示范	山东省一等奖	3
近5年主要科研项目及成果	2015～2018	典型落叶栎林植物功能性状的生态驱动与适应性分子进化机制	国家自然科学基金	1
	2017～2020	河口湿地特色资源开发利用与产业化技术	国家重点研发计划课题	1
	2018～2021	基于表观遗传变异和表型可塑性的芦苇生态分化与适应性进化机制	国家自然科学基金	1

项目主要成员（不含主持人）	姓　名	性别	出生年月	职称	职务	所在学校（单位）	承担任务	签名
	张燕君	女	1964.5	教授		山东大学	主讲教师	
	刘红	女	1973.3	副教授		山东大学	主讲教师	
	陈忠科	男	1962.4	副教授		山东大学	主讲教师	
	赵晶	女	1963.8	高工		山东大学	主讲教师	
	向凤宁	女	1965.7	教授		山东大学	主讲教师	
	杜宁	男	1983.1	讲师		山东大学	主讲教师	
	李守玲	女	1968.11	工程师		山东大学	主讲教师	

注：专业名称和专业代码填写教改项目涉及的主要专业（学校层面的综合改革可不填），参照《普通高等学校本科专业目录（2012年）》。

二、背景和意义

生命科学是现代科学发展的最前沿之一。人类未来的生活与生命科学和生物技术息息相关。因此，现代生物学基础知识成为高素质、复合型人才知识结构的重要组成部分。自20世纪90年代中期以来，随着高等教育教学改革的不断深入，国内外越来越多的高校在非生物类专业开设“生命科学导论”类课程，部分高校已将此类课程列为面向全校的必修课或限选课。生命科学是一门实验性很强的学科，为了加深学生对生命科学的认识，并对现代生物学实验技术有所了解，北京大学、清华大学、浙江大学、上海交通大学、南开大学、吉林大学等又陆续在非生物类专业本科生中开设了与理论课配套的“生命科学导论实验”类课程。

我校与其他同类高校同步开设了“生命科学导论”类理论课。多年开课统计，学生的选课积极性一般。为了提高我校生物学通识教育水平，吸引非生物类专业本科生对生物学的兴趣，生命学院组织了由教学院长和教授领衔的教学小组，经过密集的调研、讨论和试验，精心挑选了十多个兼具科学性、趣味性和紧密联系生活的生物学实验，于2015年摸索创建了“趣味生物学实验”这门面向全校本科生的通识课，与理论课脱钩，独立开设，共32学时，1学分。这是我校生物学通识教育的一个创新。

这门课与其他高校开设的“生命科学导论实验”类课程的导向不同。“趣味生物学实验”尤其重视将高深的生命科学知识趣味化、生活化。课程涉及从宏观到微观、从人体到环境等不同的层面，涵盖动物、植物、微生物、人体生理、生化、遗传、分子、生态等生命科学领域的八个基础学科。它不以“生命科学导论”理论课为先导，而是采用专题的形式，以实验带动学生对相关生物学知识的理解和把握。

如“诱变因素的微核测试”让学生从染色体水平上认识环境中的有害因素对健康的影响，引导他们学会更好地保护自身健康，深刻体会保护环境的重要性；“大肠杆菌绘图与诱导发光”让学生认识微生物转基因技术，理解并思考分子生物学技术对人类的影响；“农药残留的检测”让学生了解如何更有效地去除农残，并在课堂上吃上亲手检测过的、放心的时令水果；“人体电生理信号的采集分析”以心电图的采集分析为例，让学生了解和聆听自己身体的声音；“植物组培与试管苗诱导”不仅让学生自制个性的试管苗挂坠，更让学生对植物组织培养和无土栽培有一个全面的理解；“牛奶中酪蛋白的分离制备”让牛奶中蛋白质现形，使学生对生物大分子产生直观的认识；“人类性别的分子鉴定”利用性别这一显著又神秘的遗传性状，让学生亲手实践并理解亲子鉴定、分子法医鉴定的原理;"植物鉴赏"课带领学生认识校园及周边的树木花草;"草履虫形态和运动的观察"使学生体会生命和进化的奇妙;"人工琥珀动植物标本的制备"则让学生模拟神奇的大自然过程,自制千姿百态的琥珀吊坠。

开课三年来,有1000多名山大学生选修了这门课。他们中既有理科生,也有文科生、艺术生和体育生。学生们满怀热情,兴趣高涨。从学生的评价来看,课程收到了非常好的效果,选课一"位"难求,班班报满,有些学生甚至通过抽签才能选上。本课程这学期还在中国大学MOOC网站开设,选课人数达3千多人。主持人及课题组成员编写的《趣味生物学实验教程》数字化教材已由高教出版社出版,在社会上产生了良好的反响。

2017年3月11日,山大视点发文"这门选修课,我想安利给大家分享",推介了最受学生欢迎的几门选修课,包括"趣味生物学实验"。这门趣味盎然的科学课程还吸引了社会的关注,来自历城二中等一些中学的师生慕名前来旁听。2017年3月23日,济南日报政教版发表对"趣味生物学实验"课程的采访:"教授和学生一起玩转科学";2017年4月1日,齐鲁晚报发表"边玩边学,趣味实验课成抢手货",副标题"山大生物实验课贴近生活受热捧,博导和教授手把手现场教"。2017年5月4日,山东省委组织部刊物《党员干部之友》也以"抢手的趣味生物课"为题做了报导。2017年6月30日,济南电视台新闻频道以"令人着迷的生物课"为题,进行了专题报道。经过三年的努力,"趣味生物学实验"已经成为我校最受学生欢迎的"名牌"课之一。

通过本项目,我们将把"趣味生物学实验"建成"教学理念前沿、教学手段先进、教学特色鲜明、教学效果突出、深受学生喜欢"的课堂,在以下方面形成示范和引领:

以学生为教学的中心——在"趣味生物学实验"课程设计和实施的各个环节,树立和体现"一切为了学生发展"的思想,确立学生的主体地位。我们不是仅仅把这门课的价值定位在向学生科普一些生物学知识,而是着眼于学生完整的个人发展,定位在为学生建立科学的生命观、完善科学素养、培养科学思维、激发热爱科学新动力的目标上。

调动学生积极性——"趣味生物学实验"的教学对象是非生物类专业的大学生,大部分学生只是在中学学习了一点生物学基础知识,对现代生物学知识不甚了解,虽对生物学实验充满好奇、跃跃欲试,但缺乏基本的实验操作技能。针对教学对象的这些特点,要求教学内容要有趣味性和可操作性;同时,不能像对待生物专业学生那样要求他们,应创造一个相对轻松、易学、易懂、易操作的实验氛围,并通过多媒体课件、动画、视频、现场操作演示,使学生有兴趣并能完成实验,有所收获。

生动有趣的课堂——每个实验都以学生熟悉或关心的生活中的现象导入相关知识,打造生动有趣的课堂。例如:以"转基因"导入"大肠杆菌绘图与诱导发光",以"生下遗传病患儿"导入"诱变因素的微核测试",以三聚氰胺奶粉事件导入"牛奶中酪蛋白的分离制备",以奥运赛场运动员的性别争议导入"人类性别的分子鉴定",以学校食堂的饭菜导入"农药残留的检测"等等。

教学特色鲜明——生活科学化,科学趣味化——"趣味生物学实验"紧贴当前社会关于转基因食品、医疗、保健等的争论,注重教学内容的实用性、先进性,引导学生立足科学,明辨是非,并学以致用。例如,"大肠杆菌绘图与诱导发光"让学生认识转基因技术,亲手用转基因大肠杆菌在培养基上绘制荧光图,对转基因技术作出独立思考,既体现科学性,又有艺术性和趣味性;"诱变因素的微核测试"以常见的大蒜为材料,当接触诱变因素后,染色体断裂,细胞中出现微核。实验让学生直观地认识到环境中的有害因素对健康的影响,深刻体会保护环境的重要性,思考如何避免自己的后代罹患遗传病;"农药残留的检测"让学生进行蔬果农残速测,以不同方式清洗后再次速测,既了解检测的生物学原理,又学到了实用的生活技能。

教学效果突出、深受学生喜欢——我们在每次课的实验报告上都对学生进行问卷调查,对本实验课有兴趣、对老师的教学满意、认为有收获的都达99%以上。学生对该实验课的总体评价是:了解了生活中的很多生物学知识;在众多课中独树一帜;很新奇,开了眼界;教学形式新颖,有趣又充实;对学生的动手能力、理论联系实际均有不少帮助;能激发和提高学习兴趣,培养良好的科学研究习惯。

通过本项目,我们将依托现有的"趣味生物学实验",进一步完善课程内容、教学手段、评价与考核体系,组建高水平教学团队,充分利用信息化教学手段开展在线教学和学生在线管理。每年在全校范围内开设不少于16个教学班,满足学生的需求,实践和引领通选课教学改革。继续通过完善慕课和数字化教材,为学校之外的更多人服务,努力让这门课程推广到更大范围,为提高全民科学素质添砖加瓦。

三、研究内容、方案和进程

(一)研究内容、目标、拟解决的关键问题

1.教学内容更丰富

完成备用实验开发,打造与时俱进的创新型课堂,为学生提供更多选择。

2.教学环节更完善

加强线上教学组织,加强课堂学生讨论和互动,进一步提高学生动手实践

的比重。

3.完善 MOOC 课程建设

更新 MOOC 内容，并完成其他配套的课程材料制作。

4.课程考核体系更完善

实现实验课全过程考核，随堂考核，综合考评。

5.建设高水平教学团队

建设合理的教学梯队，促进任课教师教学水平的提高。

6.完善《趣味生物学实验教程》数字化教材

为兄弟院校开展类似课程提供参考。

拟解决的关键问题是进一步完善高水平教学团队，开发备用实验，完善《趣味生物学实验教程》数字化教材和 MOOC 课程。

(二)改革方案设计和解决问题的方法

1.进一步优化教学内容

根据学科的发展和学生的反馈，进一步优化教学内容，开发备用实验，开阔本课程的提升空间，打造与时俱进的创新型课堂，努力体现生命科学的新理论、新技术、学科前沿和发展趋势，为学生提供更多选择。

2.进一步完善教学环节设计

加强线上线下教学组织与引导，加强课上学生小组讨论和互动，通过优化教案，强化问题导向式的授课，发挥本课程以实践教学为主要环节的优势，培养学生的动手能力和实践学习能力。

3.完善 MOOC 化课程

本课程已经在中国大学 MOOC 网站开设慕课，选课人数近 3000 人。将根据开设中得到的反馈，以授课教师作为 MOOC 课程的设计者和主讲者，进行拍摄和制作，实现"趣味生物学实验"MOOC 的完善和提高。包括三个部分：视频、作业练习训练和论坛讨论。制作时要基于连贯一致的教学方法和实验手段，突出每一实验的知识点与生物学核心概念和原理的内在联系，引导学生实现知识的逐步深入与拓展。充分利用信息化手段开展开放式、混合式教学，培养学生自主学习能力。

4.进一步完善教学课程考核体系

实行实验课全过程考核，并设计紧密联系授课内容及在生活中应用的试题，实现随堂考核，综合考评。

5.进一步完善高水平教学团队

讲授"趣味生物学实验"课，需要对所讲授内容有广博的认识，才能给予学生丰富多彩的实验背景介绍和生动形象的实验过程讲解，准确地回答学生提出的各种预想不到的问题；为此，对参与该课程教学的教师提出了较高的要求，需要配备高水平的教学团队。将通过外出访学、参加教学研讨会、线上学习、组织教师间的互相观摩、集体讨论教案，提高教学团队整体水平，精雕细琢打造每堂课的精彩。

6.完善《趣味生物学实验教程》数字化教材

本课程已经由高教出版社出版《趣味生物学实验教程》数字化教材。本项目将更新教案、PPT课件、课程视频、作业、试题、教学参考等，不断完善提高，将这门课程推广到更大范围，扩大在全国高校中的影响。

（三）创新点和预期效果、具体成果

创新点：

（1）“生活科学化，科学趣味化”是“趣味生物学实验”课程最大的特色和创新。

（2）采用专题的形式，以实验带动学生对相关生物学知识的理解和把握，从实践中学，在“玩”中学，符合学生心理和认知特点，是本课程的另一重要特色和创新。

（3）课程内容与生活和社会热点问题的紧密结合，以及精心设计的问题导向式授课，符合价值塑造、能力培养和知识传授为核心的“三位一体”课堂教学模式改革要求。

预期效果、具体成果：

（1）完成备用实验开发。

（2）加强线上教学组织。

（3）更新MOOC内容，并完成其他配套的课程材料制作。

（4）完善《趣味生物学实验教程》数字化教材。

（5）在全省和全国形成生物学通识教育名牌，形成示范和引领。

（四）实施范围和推广应用价值

通过本项目，我们将依托现有的“趣味生物学实验”，进一步完善课程内容、教学手段、评价与考核体系，组建高水平教学团队，充分利用信息化教学手段开展在线教学和学生在线管理。每年在全校范围内开设不少于16个教学班，满足学生的需求。完善《趣味生物学实验教程》MOOC和数字化教材。

积极参加和组织全省和全国兄弟院校生物通选课交流和师资培训，建成示范课堂，实践和引领全省通选课教学改革。我们的MOOC和数字教程含有丰富的内容，包括教案、PPT课件、课程视频、作业、试题、教学参考等，具有可操作性、可复制性和极高的推广应用价值，我们将努力把这门课程推广到更大范围，为提高高校生物学通识教育水平和提高大学生科学素质添砖加瓦。

（五）项目具体安排及进度

2018.7～2018.12：教学团队、教学内容、教学环节、教学考核的完善设计和实施。

2019.1～2019.7：整合教学材料，录制和制作 MOOC 视频，包括课堂实录和摄影棚录制，根据课程内容需要选择录制形式；更新补充 MOOC 内容。

2019.7～2019.12：完善 MOOC 非视频教学材料制作。

2020.1～2020.7：整合教学材料，完善《趣味生物学实验教程》数字化教材。

四、条件和保障

（一）项目组成员已开展的相关研究及主要成果

项目申请人为山东大学生命科学学院教授、博士生导师，教育部新世纪优秀人才。长期从事生物学的教学与研究工作，主持完成十余项国家级和省部级课题，获山东省科技进步二等奖 1 项、山东省教学成果一等奖 1 项、山东省教学成果二等奖 1 项。主持完成校教改项目“研究型大学理科课堂教学质量评价的规范与创新”、国家自然科学基金人才基地科研训练项目，目前正主持在研一项校教改项目“生命科学类不同专业特色的本科人才培养模式创新研究”。荣获山东省教学成果一等奖“生物类专业多基地、小批量、重实效、求共赢实践教学模式的探索与示范”(3)、全国微课大赛(生命科学类)三等奖“生态系统类型及分布规律”(1)。2013 年、2014 年、2015 年连年荣获山东大学课程网站优秀组织奖。2014 年、2015 年、2016 年连续获得全国微课大赛(生命科学类)优秀组织奖。2015、2016、2017 年连续获得山东大学课堂教学质量优秀教师称号。

项目研究具有良好的平台及前期研究基础。本课程这学期还在中国大学 MOOC 网站开设，选课人数近 3 千人。主持人及课题组成员编写的《趣味生物学实验教程》数字化教材已由高教出版社出版，在社会上产生了良好的反响。“趣味生物学实验”已由山大视点、山大微信公众号、济南日报、齐鲁晚报、《党员干部之友》、济南电视台等媒体宣传报道。本课深受欢迎，在校内、校外具有广泛影响。

项目团队精干、执行力强。项目组成员包括教授、副教授、讲师等不同的层次，涵盖各个不同专业。课题组成员张燕君、刘红、向凤宁、杜宁等都曾荣获山东大学课堂教学质量优秀教师称号。课题组成员张燕君、陈忠科曾荣获全国微课大赛(生命科学类)二等奖、三等奖、优秀制作奖等奖项。

生命科学学院及本课题组具有开展本教学研究的基础条件，适当补充即可开展工作，并取得预期成果。

(二)学校已具备的教学改革基础及对项目的支持情况(学校有关政策、经费及其使用管理制度、保障条件等,可附有关文件)

山东大学高度重视教学研究工作,将按要求给予项目配套经费,并提供政策和制度保障,优化人员师资安排,改善教学改革条件,全力支持项目顺利开展研究和建设,确保按时完成工作任务。

五、经费预算

支出科目	金额(元)	预算根据及理由
视频录制和制作	5000	录制 MOOC 视频和后期制作
教材出版费	5000	更新“趣味生物学实验”数字教材
校际调研,参加学术会议费	25000	开展调研学习观摩推广,参加国内学术会议
耗材、小型仪器费	13000	备用实验开发
资料费、印刷费	2000	购买参考资料,文献资料印刷

六、学校推荐意见

负责人签字: 学校(盖章):

(合作单位可加附页) 年 月 日

说明:表中空格不够,可另加附页,但页码要清楚

附录二　教育部办公厅关于开展2018年度国家虚拟仿真实验教学项目认定工作的通知

各省、自治区、直辖市教育厅(教委)，新疆生产建设兵团教育局：

根据《教育部关于开展国家虚拟仿真实验教学项目建设工作的通知》(教高函〔2018〕5号)，经研究，决定启动2018年度国家虚拟仿真实验教学项目认定工作。现将具体事项通知如下：

一、认定范围与数量

2018年度开展认定的分类范围是化学类、生物科学类、心理学类、机械类、能源动力类、土木类、测绘类、化工与制药类、地质类、交通运输类、航空航天类、核工程类、环境科学与工程类、食品科学与工程类、植物类、动物类、医学基础类、临床医学类、中医类、药学类、护理学类、教育学类和新闻传播学类等23个类别，认定计划为260个。

二、申报与推荐

(一)申报主体

2018年度国家虚拟仿真实验教学项目的申报主体是普通本科高等学校和军队高等教育院校中的本科以上高校。

(二)申报材料

1.《2018年度国家虚拟仿真实验教学项目申报表》(以下简称《申报表》)，具体内容见附件2。

2.国家虚拟仿真实验教学项目简介视频。内容应包括实验教学项目基本情况、教学过程、实验要求等。简介视频技术要求见附件3。

(三)申报程序

申报主体将学校盖章后的《申报表》纸质版一式两份、存储简介视频的光盘或移动存储介质送至各省级教育行政部门联系人处。申报时间由各省级教育行政部门确定。

(四)申报注意事项

1.申报的虚拟仿真实验教学项目应为高校开展实验教学的基本单元，符合国家虚拟仿真实验教学项目的要求。

2.申报的虚拟仿真实验教学项目应坚持“能实不虚”，支撑学生综合能力培养，至少满足2个课时的实验教学需求，学生实际参与的交互性实验操作步骤须不少于10步。

3.申报的虚拟仿真实验教学项目应确保符合相关知识产权法律法规，可以完全对外公开服务。

4.申报的虚拟仿真实验教学项目有效链接网址应直接指向实验项目，且保持链接畅通；应确保所承诺的并发数以内网络实验请求及时响应和对超过并发数的实验请求提供排队提示服务。

（五）推荐主体

省级教育行政部门是2018年度国家虚拟仿真实验教学项目的推荐主体，负责所在省级区域范围内申报主体的推荐工作。

（六）推荐数量

省级教育行政部门在认定分类范围内，按照2018年度国家虚拟仿真实验教学项目分省推荐计划表（见附件4）提出推荐意见，并具函报送推荐结果。在推荐工作中，要积极支持军队高等院校申报的实验教学项目。

（七）推荐材料

1.2018年度国家虚拟仿真实验教学项目推荐汇总表。具体内容要求见附件5。

2.推荐虚拟仿真实验教学项目的申报表和电子文件。

（八）推荐程序

1.确定工作联系人。请各省级教育行政部门于2018年8月15日前将2018年度国家虚拟仿真实验教学项目工作联系人信息表（见附件6）发送至电子邮箱sysc@moe.edu.cn。电子文件格式为EXCEL（OFFICE 2003）版本，命名格式为：XXXX（省、自治区或直辖市）－国家虚拟仿真实验教学项目工作联系人.xls。电子邮件主题为：XXXX（省、自治区或直辖市）－国家虚拟仿真实验教学项目工作联系人。

2.获取工作账户，完成网络推荐。为保证认定工作的高效、有序、公开，2018年度国家虚拟仿真实验教学项目认定工作试行网络推荐。请工作联系人按照推荐意见，通过“国家虚拟仿真实验教学项目工作网（shenbao.ilab-x.com）”（以下简称“工作网”）完成在线推荐工作。“工作网”将于2018年8月20日发送账户信息至工作联系人电子邮箱。

3.提交纸质材料和电子材料存储介质。请各省级教育行政部门于2018年9月30日前将2018年度国家虚拟仿真实验教学项目推荐汇总表、推荐的虚拟仿真实验教学项目申报表和电子文件（尽量用一个存储介质）一并送至教育部高等教育司实验室处。逾期推荐不予受理。

三、评价与认定

（一）申报材料公示

1.申报主体在确定拟申报的虚拟仿真实验教学项目前，需在校内进行公示，并审核实验教学项目的内容是否符合申报要求和注意事项、是否违反相关法律法规和教学纪律要求等。

2.我部将对申报材料进行公示，公开接受高校和社会的监督。申报材料公示期间，发现并查实申报材料有信息、数据等造假、违法违规行为，将终止该实验教学项目的本次认定工作，并对相应申报主体或推荐主体今后的申报推荐行为进行适当限制。

（二）综合评价认定

我部将组织专家，对通过公示的虚拟仿真实验教学项目的教学内容、教学方法、教学效果、教学资源、共享服务等方面进行评价，充分考虑网络使用用户的评价，提出2018年度“国家虚拟仿真实验教学项目”建议名单。

四、认定后管理

（一）持续改进

对认定的“国家虚拟仿真实验教学项目”，相关高校要加大经费投入，继续建设与完善。中央部委所属高校要将“国家虚拟仿真实验教学项目”纳入“十三五”期间中央高校教育教学改革专项的重要内容，予以重点支持。军队和地方所属高校也要采取相应措施予以支持。

（二）持续开放服务

对认定的“国家虚拟仿真实验教学项目”，相关高校要确保项目被认定后1年内面向高校和社会免费开放并提供教学服务，1年后至3年内免费开放服务内容不少于50%，3年后免费开放服务内容不少于30%。

（三）持续监管

我部将对“国家虚拟仿真实验教学项目”的对外联通和服务情况进行持续监管，对每半年联通测试出现10次以上不能联通或免费开放服务内容未达标的实验教学项目，经相关高校整改仍无改进的，取消“国家虚拟仿真实验教学项目”称号。

五、联系方式

教育部高等教育司实验室处咨询电话：010－66096987，通讯地址：北京市西城区西单大木仓胡同35号，邮编：100816。

“工作网”联系人：王妍，咨询电话：010－58582357，13260059089。

请各省级教育行政部门高度重视此项工作，按时、保质完成2018年的推荐工作。在工作中遇到有关问题，请及时与我部联系沟通。

附件:1.2018年度国家虚拟仿真实验教学项目认定计划及对应专业表
2.2018年度国家虚拟仿真实验教学项目申报表
3.2018年度国家虚拟仿真实验教学项目简介视频技术要求
4.2018年度国家虚拟仿真实验教学项目分省推荐计划表
5.2018年度国家虚拟仿真实验教学项目推荐汇总表
6.2018年度国家虚拟仿真实验教学项目工作联系人信息表

教育部办公厅
2018年7月30日

(此件主动公开)

部内发送:有关部领导,办公厅、科技司

教育部办公厅 2018年7月31日

附录三　2018年度国家虚拟仿真实验教学项目认定计划及对应专业表

2018年度国家虚拟仿真实验教学项目认定计划及对应专业表

分类	认定计划	对应专业
化学类	10	化学、应用化学、化学生物学、分子科学与工程、能源化学。
生物科学类	15	生物科学、生物技术、生物信息学、生态学、整合科学、神经科学。
心理学类	5	心理学，应用心理学。
机械类	15	机械工程、机械设计制造及其自动化、材料成型及控制工程、机械电子工程、工业设计、过程装备与控制工程、车辆工程、汽车服务工程、机械工艺技术、微机电系统工程、机电技术教育、汽车维修工程教育、智能制造工程。
能源动力类	10	能源与动力工程、能源与环境系统工程、新能源科学与工程。
土木类	10	土木工程、建筑环境与能源应用工程、给排水科学与工程、建筑电气与智能化、城市地下空间工程、道路桥梁与渡河工程、铁道工程、智能建造。
测绘类	10	测绘工程、遥感科学与技术、导航工程、地理国情监测、地理空间信息工程。
化工与制药类	10	化学工程与工艺、制药工程、资源循环科学与工程、能源化学工程、化学工程与工业生物工程、化工安全工程、涂料工程。
地质类	10	地质工程、勘查技术与工程、资源勘查工程、地下水科学与工程。
交通运输类	5	交通运输、交通工程、航海技术、轮机工程、飞行技术、交通设备与控制工程、救助与打捞工程、船舶电子电气工程、轨道交通电气与控制、邮轮工程与管理。
航空航天类	10	航空航天工程、飞行器设计与工程、飞行器制造工程、飞行器动力工程、飞行器环境与生命保障工程、飞行器质量与可靠性、飞行器适航技术、飞行器控制与信息工程、无人驾驶航空器系统工程。

续表

分 类	认定计划	对 应 专 业
核工程类	5	核工程与核技术、辐射防护与核安全、工程物理、核化工与核燃料工程。
环境科学与工程类	10	环境科学与工程、环境工程、环境科学、环境生态工程、环保设备工程、资源环境科学、水质科学与技术。
食品科学与工程类	10	食品科学与工程、食品质量与安全、粮食工程、乳品工程、酿酒工程、葡萄与葡萄酒工程、食品营养与检验教育、烹饪与营养教育、食品安全与检测。
植物类	15	农学、园艺、植物保护、植物科学与技术、种子科学与工程、设施农业科学与工程、茶学、烟草、应用生物科学、农艺教育、园艺教育、林学、园林、森林保护、草业科学。
动物类	15	动物科学、动物医学、动物药学、蚕学、蜂学、动植物检疫、实验动物学、水产养殖学、海洋渔业科学与技术、水族科学与技术、水生动物医学。
医学基础类	15	基础医学、生物医学、生物医学科学。
临床医学类	25	临床医学、麻醉学、医学影像学、眼视光医学、精神医学、放射医学、儿科学、口腔医学。
中医类	15	中医学、针灸推拿学、藏医学、蒙医学、维医学、壮医学、哈医学、傣医学、回医学、中医康复学、中医养生学、中医儿科学、中西医临床医学。
药学类	15	药学、药物制剂、临床药学、药事管理、药物分析、药物化学、海洋药学、中药学、中药资源与开发、藏药学、蒙药学、中药制药、中草药栽培与鉴定。
护理学类	5	护理学、助产学。
教育学类	10	教育学、科学教育、人文教育、教育技术学、艺术教育、学前教育、小学教育、特殊教育、华文教育、教育康复学、卫生教育。
新闻传播学类	10	新闻学、广播电视学、广告学、传播学、编辑出版学、网络与新媒体、数字出版、时尚传播。

附录四 2018年度国家虚拟仿真实验教学项目申报表

2018年度国家虚拟仿真实验教学项目
申 报 表

学校名称	山东大学
实验教学项目名称	黄河三角洲湿地生态系统演替与修复实验
所属课程名称	通识生物学实验
所属专业代码	071001
实验教学项目负责人姓名	郭卫华
实验教学项目负责人电话	13589056676
有效链接网址	http://121.42.14.66:8081

教育部高等教育司 制

二〇一八年七月

填写说明和要求

1.以 Word 文档格式,如实填写各项。

2.表格文本中的中外文名词第一次出现时,要写清全称和缩写,再次出现时可以使用缩写。

3.所属专业代码,依据《普通高等学校本科专业目录(2012 年)》填写 6 位代码。

4.涉密内容不填写,有可能涉密和不宜大范围公开的内容,请特别说明。

5.表格各栏目可根据内容进行调整。

1.实验教学项目教学服务团队情况

1-1 实验教学项目负责人情况					
姓　名	郭卫华	性　别	女	出生年月	1968 年 10 月
学　历	博士研究生	学　位	博　士	电　话	053258630809
专业技术职务	教授/博士生导师	行政职务	副院长	手　机	13589056676
院系	生命科学学院		电子邮箱	whguo@sdu.edu.cn	
地址	山东青岛市即墨滨海公路 72 号			邮编	266200

教学研究情况：主持的教学研究课题（含课题名称、来源、年限，不超过 5 项）；作为第一署名人在国内外公开发行的刊物上发表的教学研究论文（含题目、刊物名称、时间，不超过 10 项）；获得的教学表彰/奖励（不超过 5 项）。

山东大学生命科学学院副院长、教授、博士生导师，教育部新世纪优秀人才（2007 年度入选）。主要研究方向为植被生态学、分子生物学和生理生态学。兼任教育部高校生物科学类专业教指委委员、中国生态学会常务理事、中国生态学会科普工作委员会副主任、中国植物生物学女科学家分会会员、山东林学会副理事长、山东生态学会常务理事、山东植物学会常务理事。

作为课程负责人为全校本科生开设的通识生物学实验课程“趣味生物学实验”广受欢迎，由山东大学微信公众号、《齐鲁晚报》、《济南日报》、《党员干部之友》、济南电视台新闻频道等多家媒体报道，入选山东大学“示范课堂”建设，并已在中国大学 MOOC（慕课）上线，作为主编出版“趣味生物学实验”数字化教程。获山东省科技进步二等奖 1 项、山东省教学成果一等奖 1 项。2014 年获全国高校微课教学比赛三等奖；2014～2016 年连续获得全国微课大赛（生命科学类）优秀组织奖；2015～2017 年连续获得山东大学课堂教学质量优秀教师称号；2017 年获山东大学“我最喜爱的老师”荣誉称号；2018 年获“大国良师”杰出贡献奖。

1.主持的教学研究课题

（1）山东大学生物学基地国家基础科学人才培养基金项目，国家自然科学基金，2012～2015。

（2）研究型大学理科课堂教学质量评价的规范与创新，山东大学教学促进与教师发展基金项目，2013～2015。

（3）生命科学类不同专业特色的本科人才培养模式创新研究，山东大学教改项目，2015～2018。

（4）趣味生物学实验示范课堂建设，山东大学“双一流”人才培养专项建设项目，2017～2019。

（5）生物学虚拟仿真及在线开放共享平台开发建设与示范，山东大学实验室建设与管理研究重大项目，2018～2021。

2.出版教材与教学研究论文

（1）趣味生物学实验数字课程，高等教育出版社/高等教育电子音像出版社，2017（主编）。

（2）如何融会贯通掌握植物生活史，高校生物学教学研究（电子版），2017。

续表

3.获得的教学表彰/奖励

(1)荣获"大国良师"杰出贡献奖,2018。

(2)荣获山东大学"我最喜爱的老师"称号,2017。

(3)山东省教学成果二等奖,生态学通识课程群的建设与示范,2018。

(4)山东省教学成果一等奖,生物类专业多基地、层次化、协同式实践教学模式的探索与实践,2014。

(5)全国高校微课教学比赛三等奖,生态系统的类型和分布规律,2014。

学术研究情况:近五年来承担的学术研究课题(含课题名称、来源、年限、本人所起作用,不超过5项);在国内外公开发行刊物上发表的学术论文(含题目、刊物名称、署名次序与时间,不超过5项);获得的学术研究表彰/奖励(含奖项名称、授予单位、署名次序、时间,不超过5项)。

1.近五年来承担的学术研究课题

(1)基于表观遗传变异和表型可塑性的芦苇生态分化与适应性进化机制,国家自然科学基金,72万,2018～2021,主持。

(2)典型落叶栎林植物功能性状的生态驱动与适应性分子进化机制,国家自然科学基金,88万,2015～2018,主持。

(3)水分生境多变条件下黄河三角洲滨海湿地植物功能性状的响应与群落构建机理,国家自然科学基金,72万,2013～2016,主持。

(4)典型脆弱生态修复与保护研究,国家重点研发计划子课题,70万,2017～2020,主持。

(5)华北地区自然植物群落资源综合考察之植物功能属性调查,科技部基础性工作专项,85万,2011～2015,主持。

2.在国内外公开发行刊物上发表的学术论文

(1)Liu LL, Du N, Pei CP, Guo X, **Guo WH***. Genetic and epigenetic variations associated with adaptation to heterogeneous habitat conditions. Ecology and Evolution, 2018, 8(5): 2594-2606.

(2)Liu LL, Pei CP, Liu SN, Guo X, Du N, **Guo WH***. Genetic and epigenetic changes during the invasion of a cosmopolitan species (Phragmites australis). Ecology and Evolution, 2018, 8(13), 6615-6624.

(3)Du N, Wu P, Eller F, Zhou D, Liu J, Gan WH, Yang RR, Dai M, Chen YD, Wang RQ, **Guo WH*** Facilitation or competition? The effects of the shrub species Tamarix chinensis on herbaceous communities are dependent on the successional stage in an impacted coastal wetland of North China. Wetlands, 2017, 37: 899-911.

(4)Luo YJ, Yuan YF, Wang RQ, Liu J, Du N, **Guo WH***. Functional traits contributed to the superior performance of the exotic species Robinia pseudoacacia: a comparison with the native tree Sophora japonica. Tree Physiology, 2016, 36:345-355.

(5)**Guo WH**, Li B, Zhang XS, Wang RQ. Water balance in SPAC under water stress: a case study of Hippophae rhamnoides and Caragana intermedia. In: Efe R. (Eds). Environment and Ecology in the Mediterranean Region. Cambridge Scholars Publishing, 2012, 261-270.

3.获得的学术研究表彰/奖励

(1)新世纪优秀人才,第一位,教育部,2007。

(2)山东省科技进步二等奖,第二位,山东省人民政府,2012。

续表

1-2 实验教学项目教学服务团队情况						
1-2-1 团队主要成员(5 人以内)						
序号	姓　名	所在单位	专业技术职务	行政职务	承担任务	备　注
1	于晓娜	山东大学	实验师		项目实施	技术支持人员
2	王仁卿	山东大学	教授		框架设计	
3	张淑萍	山东大学	副教授		理论教学	在线教学服务人员
4	于晓琳	山东大学	助理实验师		实验教学	技术支持人员
5	贺同利	山东大学	讲师		实验教学	在线教学服务人员
1-2-2 团队其他成员						
序号	姓名	所在单位	专业技术职务	行政职务	承担任务	备　注
1	朱书玉	黄河三角洲国家级自然保护区管理局	高级工程师	科研处处长	校地协同育人、协助实验教学	
2	孟振农	山东大学	副教授		实验教学	在线教学服务人员
3	杜　宁	山东大学	讲师		实验教学	在线教学服务人员
4	张怀强	山东大学	教授		理论教学	在线教学服务人员
5	王明钰	山东大学	副教授		实验教学	在线教学服务人员
6	徐　冬	山东大学	研究实习员		技术支持	技术支持人员
7	魏　炜	南京莱医特电子科技有限公司	高级软件工程师	技术总监	软件制作总协调	技术支持人员
项目团队总人数：13（人）高校人员数量：11（人）企业人员数量：2（人）						

注：1.教学服务团队成员所在单位需如实填写，可与负责人不在同一单位。

2.教学服务团队须有在线教学服务人员和技术支持人员，请在备注中说明。

2.实验教学项目描述

2-1 名称 黄河三角洲湿地生态系统演替与修复实验

2-2 实验目的

群落演替与生态修复是生物学教学与研究的重要内容，也是生态保护与生态建设的理论基础，但**群落演替通常时间漫长**，生态修复耗资巨大，而且黄河三角洲新生湿地淤泥堆积，淤泥深度可过膝盖甚至将人吞没，为人力不可及、不可达，难以开展学生实验。开设演替与修复实验，可以很好地解决时间与空间上的难题，利于学生对演替与修复的认识理解，系统掌握生物学知识与技能，提高创新能力；同时可为国家重大战略项目“黄河三角洲高效生态经济区”生态文明建设服务。通过本项目虚拟实验操作，学生可以完成黄河三角洲群落演替序列与过程、植物群落调查、土壤微生物群落分析、退化生态系统修复等实验内容。该项目可为理论教学提供虚拟素材，为实践教学提供辅助手段，**突破时间与空间限制，打破课堂与实践壁垒，拓展实验深度与广度**，增加实验的开放性和趣味性，便于学生自主学习和移动学习，增强创新能力与科研能力。

- **突破时间、空间限制，为实践教学提供辅助功能**

演替与修复实验是高校生物类相关专业的重要实践教学内容，是本科生培养方案的重要组成部分，是培养学生科研能力、团队精神和协作意识的重要途径。与传统生物学室内实验相比，演替与修复虚拟仿真实验具有可探索性、综合性、实践性、持续性等特点，安全防护难度小。

虚拟仿真实验“以虚补实、虚实结合”，可以突破时间、空间限制，将野外耗费一周到数周的实验，集中在两个学时的虚拟实验中完成，并实现随时随地学习、自主学习，使学生在实验前能够提前了解实验原理、实验内容，了解实验地整体环境情况，在实验过程中，掌握和巩固课堂上的理论知识，并通过观察来验证书本知识，通过师生互动答疑平台，提交实验报告。

- **打破课堂、实践壁垒，为理论教学提供虚拟素材**

演替与修复实验是生物学实践教学中的重要内容，是理论联系实际、加深课堂教学内容的案例；是对理论知识的验证和巩固，更是对课堂知识的补充和深化，能够实现对学生综合素质的全面锻炼和提高。本虚拟仿真实验能够在很大程度上解决脱离生活经验、难以理解，无法通过一般的实践加以巩固等难题，为枯燥乏味的理论教学提供了仿真素材。

群落演替是一个复杂、漫长的过程，时间尺度上跨越较大，学生无法亲历完整的演替序列，而且长时间的缓慢变化过程也无法在一次实践过程中观察到，对于学生来说，抽象、陌生、好似天书，以学生的知识储备也难以通过照片想象其中的动态变化；退化生态系统修复是群落发生逆向演替所进行的人工干预，是一项极其困难、耗资巨大的生态工程，学生在日常的学习中仅能通过资料来了解湿地修复工程，无法实际操作。

演替与修复虚拟仿真项目的建立，充分利用信息化技术，**打破课堂与实践壁垒**，将课堂上难以描述的巨大时间空间演替序列和过程等晦涩难懂的概念、难以一次性观察到的现象与野外实际，变成可以在短时间和小的空间实现的实验，以虚补实。**“虚实结合、以虚促实”**激发学生探索生命的激情，提高学生学习效率和创新能力。

- **促进科研、教学融合，拓展实验教学深度和广度**

黄河三角洲是由黄河携带大量泥沙填充渤海淤积而成的，面积不断增加，形成了中国暖温带最年轻、最广阔、保存最完整的河口新生湿地，是物种保护、候鸟迁徙和河口生态演替研究的重要地点，已被列入国际重要湿地名录。黄河三角洲湿地生态系统具有群落演替快速、动态变化明显、生态序列完整、海陆变迁活跃、生态环境脆弱等特点，受到河、海、陆交互作用的影响，是研究演替与修复最理想的区域，典型而独特。

续表

<table>
<tr><td>

山东大学生命科学学院自20世纪50年代末就陆续开展了对黄河三角洲地区的研究，发表了鸟类研究和植被研究的多篇论文，《黄河三角洲植被》和《黄河三角洲植物名录》等正在撰写中，积累了大量的数据和资料，“黄河三角洲植被调查”获得教育部科技进步二等奖。演替与修复虚拟仿真项目的实施融合了一系列前期科研成果，**体现了科研反哺教学，促进了科研与教学的有机融合，拓宽了本科实验教学的深度和广度**，在传统综合实验的基础上，增加黄河三角洲生态特征、湿地类型、演替序列与过程、生态修复方法与技术等方面的实验内容，增加实验趣味性，利于提高学生的积极性，继而培养学生的创新能力、科研能力等。

利用信息化技术，将虚拟仿真、实践教学及科学研究有效融合，开展黄河三角洲湿地生态系统演替与修复虚拟仿真实验，旨在：

(1)理论联系实际，巩固、验证和加深课堂教学上所学的基本概念、基础理论和基本方法。

(2)了解、熟悉和掌握野外工作流程，包括植物类群识别、标本采集与制作、土壤微生物采集与分析、科学信息采集和规范的野外记录等。

(3)了解、熟悉和掌握黄河三角洲地区的群落类型及群落演替序列。

(4)初步掌握黄河三角洲湿地生态系统的逆行演替生态修复技术。

</td></tr>
<tr><td>

2-3 实验原理(或对应的知识点)知识点数量：<u>16</u>(个)

1.标本采集与制作

生物标本是分类学研究的最基本材料，是生物学课程的拓展与延伸，标本采集与制作能够培养学生动手实践能力，也是今后从事相关教学和科研工作的基本技能。项目中设计了昆虫标本与植物标本两个模块，其中涉及的主要知识点为：

(1)常用的植物形态术语。

(2)植物标本的采集、制作的过程和具体方法，信息记录标准。

(3)植物分类学的理论与方法，重要科、属、种的鉴别特征。

(4)昆虫标本的采集、制作和保存方法。

(5)昆虫分类学的基本原理。

2.微生物数量统计与分析

土壤样本中微生物数量的测定基于一个核心原理，即在合适的稀释度下，单个微生物细胞会在固体培养基上扩增成为一个独立的菌落，项目要求学生充分掌握及理解。项目涉及的主要知识点为：

(1)真菌、细菌、放线菌特异固体培养基的制备技术及组成。

(2)土壤样本的采集技术。

(3)无菌操作技术。

(4)微生物数量(以CFU计)统计分析的技术。

(5)常见微生物仪器(如显微镜、培养箱、超净台、灭菌锅等)的原理和使用方法。

3.植物群落调查

项目采用样方法模拟植物群落调查过程，使学生直观认识植物群落演替过程中的动态变化。其中涉及的主要知识点如下：

(1)群落演替的基本概念。

(2)群落演替的基本特征。

(3)群落调查的原理及基本方法。

(4)群落组成特征调查方法(物种组成及数量特征)。

4.湿地生态系统修复

近年来黄河口出现了黄河河道断流、淡水湿地萎缩、土壤盐渍化严重、植被生态功能退化、物种多样性衰减等生态环境问题，项目呈现了枯水、海水倒灌等场景下的逆行演替序列，通过人为干预生态修复技术，对生态系统进行修复。其中涉及的主要知识点如下：

(1)演替理论在湿地生态修复中的应用。

(2)生态修复方案制定原理。

</td></tr>
</table>

续表

2-4 实验仪器设备(装置或软件等)
(1)电脑配置 Win7 64 位、Win8 64 位及以上版本操作系统。 (2)虚拟软件 黄河三角洲湿地生态系统演替与修复实验虚拟仿真教学平台。 (3)虚拟实验仪器设备 GPS、海拔仪、罗盘、恒温箱、挖掘机等相关仪器设备在虚拟场景中按照原物大小做成模型。 (4)实体实验仪器设备 昆虫标本制作过程中需要恒温箱等仪器设备; 土壤采集及微生物数量统计过程中需要超净工作台、电子天平、恒温箱、电子显微镜等仪器设备。
2-5 实验材料(或预设参数等) 项目包括**虚拟实验**和**实体实验**两部分,学生在完成虚拟实验之后,会根据授课教师要求完成**标本制作**和**土壤微生物测定**等室内操作,因而实验材料包括虚拟实验材料和实体实验材料两部分。 **1.虚拟实验材料** (1)常见动植物虚拟材料 黄河三角洲以其独特的生态环境和丰富的生物资源,形成了良好的野生动植物景观,分布有特色湿地植物及盐生植物,是东北亚内陆和环西太平洋鸟类迁徙的中转站,在项目中构建了黄河三角洲实习基地,建立常见动植物 3D 数据库,包括黄河三角洲常见湿地植物、盐生植物 40 余种精细 3D 模型,常见动物识别图 50 余种,其中有 10 种精细 3D 动物模型。物种鉴定对话框有动植物中文名、拉丁名等信息输入功能。 (2)演替序列 黄河三角洲新生湿地的群落演替,是国内不多见的新生、原生演替系列。由于黄河水直接决定了黄河三角洲地区动植物种类、数量和分布,项目根据黄河三角洲湿地生物群落演替的普遍规律,设计了三个不同场景,分别为:在黄河丰水情况下,形成了原生裸地—盐地碱蓬群落—芦苇群落的演替序列;在平水情况下,形成了原生裸地—盐地碱蓬群落—柽柳群落—芦苇群落—芦苇+白茅群落—小香蒲群落的演替序列;在枯水与海水倒灌交互作用下,柽柳、芦苇等无法适应海水水淹环境,出现逆行演替,出现大面积枯枝,逐渐向碱蓬群落、甚至裸地演替。 (3)土壤微生物测定虚拟材料 项目根据不同演替阶段,设计了土壤微生物数量统计模块,学生可以通过对不同演替过程中的不同群落进行取样,获取土壤样品,然后通过实验室操作,使学生认识到在群落演替过程中,伴随着植物群落的变化之外,土壤微生物也会发生相应变化,从而形成群落演替过程中地上一地下整体概念。 (4)生态修复虚拟材料 项目设计了逆行演替场景,出现大面积枯枝,从生态学及水文学角度入手,通过优势种群和指示性物种的生态需水规律,掌握湿地指示性物种分布与湿地水位变化之间的规律。项目设计了三个不同的生态需水量,即最小、最适、理想生态需水量,从而通过不同的调水规模,研究修复前后群落演替的变化情况。 **2.实体实验材料** (1)标本制作 实验样地的植物、昆虫,以及枝剪、标本夹、吸水纸、台纸、毒瓶、镊子、昆虫针、采集标签、三级台、展翅板等实验材料。 (2)土壤微生物测定 实验样地的土壤样品以及超纯水、培养基、培养皿等实验材料。

续表

2-6 实验教学方法(举例说明采用的教学方法的使用目的、实施过程与实施效果) 黄河三角洲湿地生态系统演替与修复虚拟仿真项目是结合山东大学生命科学学院动植物学、微生物学、生态学专业特色及人才培养方案，依托学科发展优势和科研平台，基于**“以虚补实、以虚促实、虚实结合”**的虚拟仿真实验教学理念和思路，推动以学生为中心、以问题为导向的研究型实验教学方式的教学改革，注重学生创新能力、实践能力与科研能力的培养。 **开放式教学虚实结合，提高学生学习效率。**通过理论教学和传统实验教学，能够在一定程度上能够激发学生对植物识别、标本制作、群落演替动态、生态修复等实验的兴趣，但对学生而言，具体的实验原理，以及对演替和修复等长期生态学过程的认知还是比较抽象和陌生。采用虚拟网络式教学有助于学生理解掌握这些知识内容。通过虚拟场景以及图片和影像等资料，可以使陌生抽象的教学内容变得直观具体，增强学生对相关知识内容的认识和理解。例如，户外的动植物分类课往往时间紧、学生多，大多数学生无法全面的把握不同类别生物的细致特征；群落演替需要经历几十年甚至上百年的时间进程，无法安排学生进行如此长时间的实验；生态系统修复是一项长期复杂的工程，在实践中学生很难参与到耗资巨大且具有一定危险性的工程中。**本虚拟实验项目中，使实验教学不受时间、空间、成本的制约，将复杂、耗时长、难度大的实验通过虚拟仿真实验进行预习、模拟操作。**通过虚拟教学让学生进一步掌握实验项目中的要点和难点。然而，完全依赖虚拟平台教学无法满足学生真正掌握实验所要求的全部知识点，无法让学生产生直观的印象，因此通过虚实结合来解决这一难题，如要求学生在虚拟操作之后，在实验样地，制作一份完整的标本，并获取土壤样品，完成微生物数量测定；而在群落演替的实验中，可以采用“空间代替时间”的办法来探讨群落的演替进程和特点，**以此加强学生的实际动手能力，做到虚拟实验与真实实验课堂相互补充，实现“虚实结合、以虚补实、以虚促实”的目的。** **问题式启发教学，激发学生学习兴趣。**群落演替和生态系统修复实验知识点多，内容涉及学科广，为了打破常规教学的沉闷气氛，调动学生学习的积极性，培养学生的创新思维，**项目在线实验模块设置了多个练习题**，如在群落演替实验模块中，基于科研结果，设计了黄河丰水、平水和枯水期不同的演替路线，激发学生观察、探索各个群落演替阶段的特点，问题回答正确与否也会计入实验总分。学生在完成实验项目过程中，虚拟实验操作和问题贯穿在整个实验过程中，激发学生对实验原理的思考，并掌握与实验相关的基础知识点，在巩固理论知识、训练动手能力的基础上，提高学生的学习兴趣，**达到增强学生学习的主动性和创造性的教学效果。** **研讨式互动教学，引导学生自主学习。**项目针对群落演替和生态系统修复实验中的难点和重点问题设置开放性课题，设置了虚拟助教小精灵“灵灵”，妙趣横生，即时人机互动，引导学生进行自主学习，培养学生运用知识解决问题的能力。例如，在实验前布置学生收集黄河三角洲群落演替研究中存在的争议，讲述国内外生态系统修复的技术手段和经典案例。虚拟实验操作结束后，再次进行分组讨论，联系实验项目操作过程中出现的问题和难题，分析其原因并探索可能的解决办法。如群落演替与环境因子的相互作用关系如何？不同植物种类在群落演替和生态系统修复中扮演什么样的角色？动物—植物—微生物在生态系统中存在怎样的关系？生态系统修复中是否存在“蝴蝶效应”，其中修复的关键步骤有哪些？分析实验过程中的难点和关键技术，总结对演替和修复过程的认识，以及进一步提升实验互动性、知识点把握等方面的意见和建议，形成实验报告。并在实验结束后，让学生以小组形式自行选择开放性课题，如根据系统中的土壤微生物 16S 测定结果，分析群落演替过程中土壤微生物的多样性变化过程；根据演替过程中的植被及微生物变化，探讨地上—地下部的协同变化。**研讨式互动教学通过学生查阅文献、撰写实验报告或制作幻灯片和具体实践、讨论，促进学生的自主学习和思考，使学生在研讨中培养科研素养、提高创新能力。**

续表

多样化考核指标，提高学生的实验教学效果。实验教学是高校动植物、微生物、生态学专业教学体系中的重要环节，是培养高素质生物科学复合型专业人才基本能力的要求。项目采用线上（虚拟实验操作）和线下（实体实验操作）考试成绩相结合的方式进行综合评定。考核项目和内容分为虚拟实验模块、实体实验模块和实验报告（或心得体会）、开放性课题研究等四部分。通过综合考核促进学生学习的积极性、主动性和创新性。线上考核采取虚拟网络平台模拟操作，将全部操作步骤、考核标准、减分标准告知学生。考核对学生有整体要求、时间要求、操作规程要求，使学生通过实验操作取得综合评定分数。线下考核包括实体实验操作情况、实验报告完成情况和实验结果分析情况，进行综合考核，达到“以考促学、以考促教”的目的。项目在建立验证性考核机制基础上，采用开放性课题研究方式增加项目的趣味性、科研性，锻炼学生的创新能力与科研能力，培养学生在实验中发现问题并解决问题的能力，引导学生主动地学习，改革实验课程教学，提高实验教学质量。

这种**“虚实结合、以虚补实、以虚促实”**的实践教学模式有助于学生获得系统全面的实验技能训练，建立完整知识体系，拓展学生视野，促进学生自主性学习、研究性学习，加强学生学习能力、思维能力、实践能力、创新能力和科研能力的培养，提升生物学科人才培养质量，弘扬生态保护意识，服务生态文明建设，以期为黄河三角洲高效生态经济区生态文明建设服务。

2-7 实验方法与步骤要求（学生交互性操作步骤应不少于10步）

实验方法描述

虚拟实验需要2个学时完成。

（1）学生基于教师讲解及视频浏览，了解实验目的、实验地基本情况，熟悉和巩固相关概念，并进入虚拟场景，浏览虚拟地图，了解实验地的群落分布状况。

（2）项目中设计了助手“灵灵”，充当助教的角色，学生进入实验场景中，通过指导和提示，进行虚拟软件操作，重点掌握标本制作、微生物数量测定、群落调查等方法，了解生态系统修复原理及相关方案。

（3）学生进入在线测试模块，完成相关习题，系统自动生成分数。

（4）根据实验操作结果，撰写实验报告并上传。

2.学生交互性操作步骤说明

（1）学生通过系统登录平台，进入虚拟仿真页面，根据教师指导，熟悉相关实验操作。

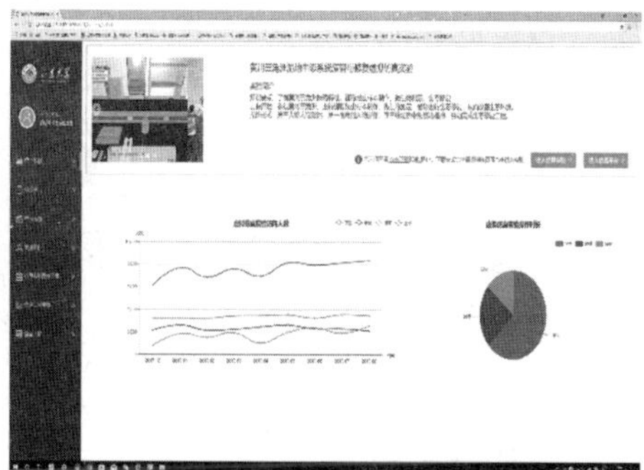

图1 学生登录虚拟仿真平台

续表

(2)进入虚拟仿真实验页面后，选择相关实验内容，了解实验目的，熟悉相应实验场景，按照实验要求进行分步操作。

图2　虚拟仿真软件界面及实验场景

(3)进入标本采集与制作模块，学生采集群落中部分植物和昆虫，进行标本制作。学生进入虚拟室内实验室，利用实验工具，根据实验提示，分别完成昆虫标本制作和植物标本制作，并进行鉴定。

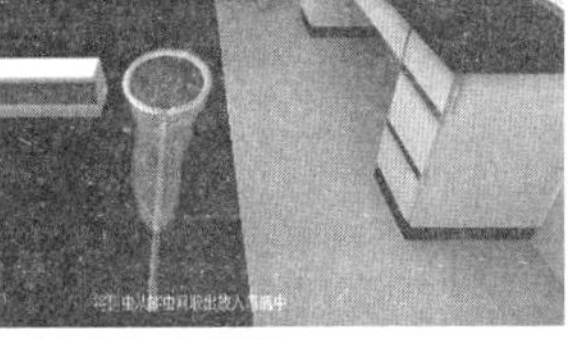

昆虫标本制作　　植物标本制作

图3　标本采集与制作

(4)进入群落特征测定模块，设置了三个不同的演替场景(黄河丰水、枯水、平水期)，系统随机为学生分配场景，学生进入场景中进行各项指标测定。通过植物群落观察，了解该实验地的物种分布状况，并通过对植物根、茎、叶、花、果等的形态特征观察，进行植物检索，生成检索结果；同时利用工具对样方进行数据测量，完成植物群落数据统计，形成相应的调查表；通过对建群种和特有种的调查，了解和掌握在滨海湿地群落演替过程中植物群落的动态变化过程。

调查工具

虚拟仿真VR技术

图4　虚拟仿真实验典型群落调查(一)

续表

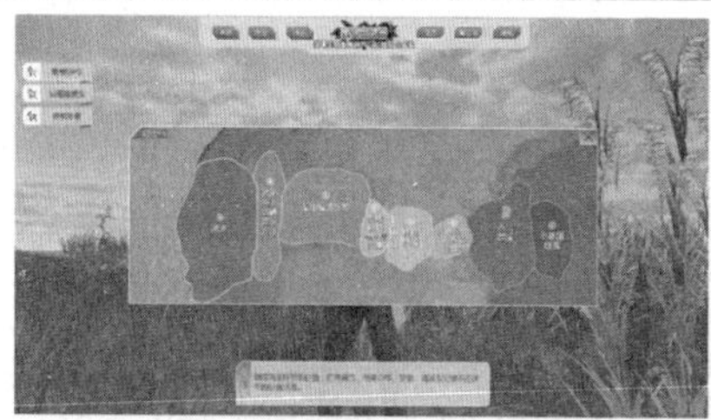

场景地图

植物检索

原生裸地

盐地碱蓬群落

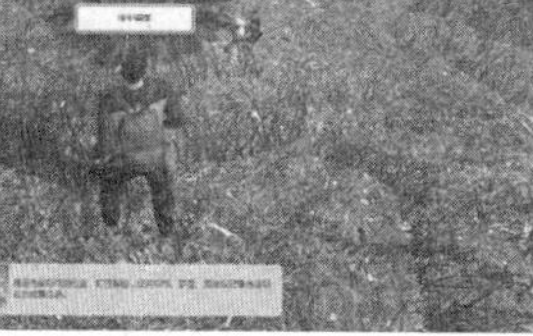

柽柳群落

芦苇群落

图 4　虚拟仿真实验典型群落调查(二)

(5)微生物数量测定及多样性分析：学生需要在场景中获取典型样地中的土壤样品，按照操作步骤进行微生物数量的测定，了解在群落演替过程中土壤微生物的变化，并运用相应的实验结果进行多样性分析。

图 5　土壤微生物数量统计与分析

续表

(6)生态修复：在群落演替中设置了一个枯水与海水倒灌交互作用场景，学生进入场景中，根据提示，进行生态工程实施。生态修复设计了三个不同水分调节方式，即最小、最适和理想生态需水，退化生态系统在生态修复后形成三种不同的生态景观。

图6　退化湿地生态系统修复

(7)常见动物3D模型及图集：项目中设计了10余种精细3D仿真动物模型和50种鸟类图集及鸟类介绍，用于学生的科普教育。

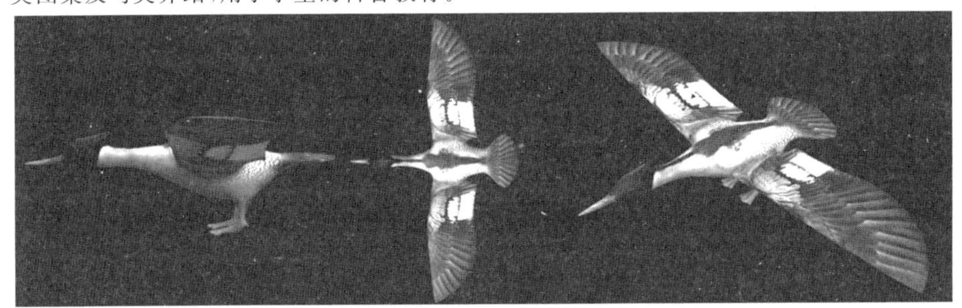

续表

图 7 常见动物 3D 仿真模型及图集

(8)在线测试:项目中包含试题库,实验结束后,要求学生完成相应试题,系统自动完成测试评分。

图 8 在线测试

(9)实验结果提交:学生需要根据实验场景,提交相应的实验报告,包括物种信息(中文名、拉丁名、科属)、群落特征、微生物分析、实验报告、研究报告等。

2-8 实验结果与结论要求

是否记录每步实验结果:☑是 F 否

实验结果与结论要求:☑实验报告 ☑心得体会 其他 课题研究报告

其他描述

通过航拍视频、虚拟仿真软件,了解实验地的生境特征、湿地生态类型及演替序列;

通过虚拟仿真软件中的模拟调查方法进行群落调查,并通过数据采集、标本采集与制作等直观认识群落演替的动态变化过程;

在虚拟场景中采集不同演替阶段的土壤样品,进行微生物观测及数量统计,了解土壤微生物群落的动态过程;

通过在逆行演替场景中,利用生态修复手段对退化生态系统进行修复,直观了解演替理论在生态系统修复过程中的应用;

通过对鸟类图集的学习,认识到黄河三角洲湿地在鸟类迁徙及越冬栖息和繁殖方面的重要地位;

利用土壤微生物的 16S 测定结果及演替过程中植物与土壤的变化过程设置开放性研究课题,一方面让学生更全面更清楚地认识群落演替,另一方面锻炼学生的创新能力、科研能力。

续表

2-9 考核要求

黄河三角洲湿地生态系统演替与修复实验虚拟仿真项目基于“虚实结合、以虚补实、以虚促实”的实践教学模式下进行的，采用线上（虚拟实验操作）和线下（实体实验操作）考试成绩相结合的方式进行综合评定。考核项目和内容分为虚拟仿真实验模块、实体实验模块和实验报告（或心得体会）、开放性课题研究等四部分，考核方式也根据选课学生群体分为低难度、中难度和高难度三种。具体考核要求如下：

表 1　黄河三角洲湿地生态系统演替与修复仿真实验考核要求

考核项目	考核内容	考核场所	考核时间	考核方式	权重
课前预习	1.通过航拍视频、虚拟仿真软件，了解实验地的生境特征及物种状况 2.通过相关资料查询，了解黄河三角洲地区湿地生态类型及演替序列	实验室及虚拟平台系统	实验前一周内	系统自动生成试卷，并完成评分	10%
虚拟仿真实验操作	1.通过虚拟仿真软件完成标本采集与制作、群落调查、微生物群落分析的实验操作，并了解生态修复相关内容 2.完成系统设置的预设问题和练习题	虚拟平台系统	整个虚拟实验过程（2个学时）	学生提交操作，系统自动完成评分	低难度：60% 中难度：40% 高难度：30%
实体实验操作	1.要求学生高质量完成标本，达到教学或科研水平 2.要求学生以校园为样地，获取土壤样品并完成微生物数量测定	实验室	虚拟实验结束后（2个学时）	实验指导教师根据实际操作情况进行评分，低难度学生不做要求	低难度：0 中难度：20% 高难度：30%
实验报告或心得体会	1.低难度要求的学生提交心得体会 2.中高难度要求的学生撰写实验报告	课堂	整个教学实验结束前一天	实验指导教师进行评分	低难度：30% 中难度：30% 高难度：30%
开放性课题研究	可以小组形式选做开放性课题，可自行选题，也可选择以下内容开展： 1.根据系统中的土壤微生物16S测定结果，分析群落演替过程中土壤微生物的多样性变化过程 2.根据演替过程中的植被及微生物变化，探讨地上-地下部的协同变化	课后	实验结束一周内	实验指导教师进行评分	该部分内容为加分内容，实验指导教师可酌情加分，但实验总分不超过100分

续表

2-10 面向学生要求

(1)专业与年级要求

低难度要求:适用于选修通识生物学实验课程的大学一年级及以上学生。

中难度要求:适用于选修基础生态学实验课程的生物科学、生物技术、生物工程相关专业大学二年级及以上学生。

高难度要求:适用于生态学实验必修课的生态学专业大学二年级及以上学生。

(2)基本知识和能力要求等

要求学生在应用此项目之前预先掌握植物学、微生物学、生态学的专业基础知识,包括植物的结构、植物分类学、昆虫分类学以及宏观生态学中的样方调查和群落统计方法等。

2-11 实验项目应用情况

上线时间:2017 年 10 月

开放时间:2017 年 12 月

已服务过的学生人数:5868

是否面向社会提供服务:☑是 ☞否

项目已在山东大学生态学实验课(必修课)、通识生物学实验课程"趣味生物学实验"(选修课)等实现应用,其中通识生物学实验课程入选山东大学"示范课堂"建设,并已在中国大学 MOOC(慕课)上线,广受欢迎。山东大学已与浙江大学、复旦大学、吉林大学、北京师范大学、兰州大学、青海大学、内蒙古大学、崂山省级自然保护区等二十多所高校、单位签订了共享协议,实现了共享应用,与传统教学虚实结合优势互补,获得了一致好评。

表 2 黄河三角洲湿地生态系统演替与修复仿真实验项目应用

序号	应用学校名称	序号	应用学校名称
1	浙江大学	13	石河子大学
2	复旦大学	14	云南大学
3	上海交通大学	15	黑龙江大学
4	中山大学	16	山东农业大学
5	厦门大学	17	山东师范大学
6	武汉大学	18	济南大学
7	北京师范大学	19	青岛大学
8	南开大学	20	青岛农业大学
9	四川大学	21	鲁东大学
10	兰州大学	22	烟台大学
11	内蒙古大学	23	崂山省级自然保护区办公室
12	青海大学		

3.实验教学项目相关网络要求描述

3-1 有效链接网址 http://**121.42.14.66:8081**/virindex/index.html

3-2 网络条件要求

(1)说明客户端到服务器的带宽要求(需提供测试带宽服务)。

经测试客户端到服务器的带宽要求为10 M及以上。本次带宽初步测试基于主流计算机配置,模拟真实网络学习环境,最大限度地还原用户上网学习虚拟仿真实验项目的需求。测试一:物理连接链路测试,测试方法:本端与连入internet上的本次虚拟仿真实验项目网站进行PING操作,测试目的:测试虚拟仿真实验项目网站间的延迟情况和丢包情况;测试二:测试线路带宽质量,测试目的:测试不同IP访问本虚拟仿真实验页面的加载情况,测试方法:通过IP代理,记录电脑端不同地域IP打开虚拟仿真实验项目网页的速度。**测试结果**总结如下:

1)当客户端到服务器带宽小于10 M的时候,PING主流网站的延时值都非常的高,丢包情况也很严重,基本上保持在50 ms以上甚至更高,丢包率也基本大于5%。

2)当客户端到服务器带宽小于10 M的时候,在不同IP对本虚拟仿真实验网页打开的随机测试中,网页打开速度很慢,尤其是三维模型的加载卡顿现象非常严重,打开测试不理想。所以建议用户端到服务器的带宽要求为10 M及以上。

(2)说明能够提供的并发响应数量(需提供在线排队提示服务)

本虚拟仿真实验项目的服务器能够提供的并发响应的最佳数量为500人。我们经过测试,模拟用户在数据量为5000、10000的情况下,每分钟增加用户数100个进行循环递增,最终测试用户达到10000的在线访问量,进行多次连续测试,完成系统大数据量测试目标。

在测试环境中,模拟真实使用环境的压力负载,重现缺陷发生状态,并监控客户端和服务器性能指标。

经过以上测试,当用户数在500以下时,各项业务操作均能流畅进行;当用户数上升至2000时,在线虚拟实验操作的实验模块下载会出现卡顿现象,其他业务操作能够顺利进行;当用户数上升至5000人以上时,业务操作出现假死现象。

据本次性能测试的结果,当用户数2000以下,并发进行业务操作时,基本能够维持平台的正常运行;当用户数超过5000时,服务器的CPU占用持续达到100%,并出现假死现象,系统不能够正常运行。

因此,经测试该项目支持500个学生同时在线并发访问和请求,如果单个实验被占用,则提示后面进行在线等待,等待前面一个预约实验结束后,进入下一个预约队列。

3-3 用户操作系统要求(如Windows、Unix、IOS、Android等)

1)计算机操作系统和版本要求

Win7 64位、Win8 64位及以上版本操作系统;

MAC操作系统:OSX 10.11 EI Captain以上。

(2)其他计算终端操作系统和版本要求

微软Surface系列平板:要求操作系统Win7 64位以上操作系统

(3)支持移动端:☞是 ☑否

3-4 用户非操作系统软件配置要求(如浏览器、特定软件等)

(1)需要特定插件 ☑是 ☞否

(勾选是请填写)插件名称 3D数据包 插件容量 200M

下载链接 http://121.42.14.66:8081/virindex/files/yewaishixi.exe

(2)其他计算终端非操作系统软件配置要求(需说明是否可提供相关软件下载服务)

虚拟仿真实验项目采用C/S构建,建议浏览器采用谷歌、火狐、360极速浏览器或360安全浏览器极速模式进行访问。

续表

3-5 用户硬件配置要求(如主频、内存、显存、存储容量等)
(1)计算机硬件配置要求 CPU 要求:建议采用 intel 酷睿 i3　2.6 赫兹及以上 CPU 内存要求:DDR3 4GB 以上内存 显存要求:1GB 以上显存 存储容量要求:系统盘可用空间 10GB 及以上 (2)其他计算终端硬件配置要求 微软 Surface 平板:CPU intel 凌动 z8700 及以上,4GB 运行内存及以上,2GB 以上硬盘空余存储空间
3-6 用户特殊外置硬件要求(如可穿戴设备等)
(1)计算机特殊外置硬件要求 无 (2)其他计算终端特殊外置硬件要求 无

4.实验教学项目技术架构及主要研发技术

指　　标	内　　容
系统架构图及简要说明	项目的教学资源可实现对相关实验课程面向国内各大院校开展必修课或选修课的虚拟仿真实验教学,以计算机仿真技术、多媒体技术和网络技术为依托,采用面向服务的软件架构开发具有自主知识产权,集实物仿真、场景虚拟、创新设计、智能指导、虚拟实验结果自动批改和教学管理于一体,具有良好自主性、交互性和可扩展性的虚拟实验项目,同时为其他学科的相关实验课程提供互联的标准接口,底层的构件库,并为上层的调用提供标准化的调用接口,为用户提供统一的访问接入服务和通用的用户服务工具包。 **系统总体架构图如下:** 通用服务层:实验资源管理、实验教学管理、职能指导、理论知识学习、互动交流、实验结果自动批改、实验报告管理、教学效果评估、集成接口工具 仿真层:虚拟仪器、图形绘制、场景构建、仿真求解 数据层:数据管理(数据访问、数据缓存、数据格式转换);数据库(基础元件库、课程库、实验项目库、实验数据库、测试题库、用户信息库、线上交互数据库) 支撑层:数据管理(服务部署、服务批处理、服务监控、服务通知);安全管理(监控分析、日志统计、身份确认、访问控制、认证中心、容器和服务安全、加解密系统);系统层(硬件系统、操作系统、网络接入)

续表

指　　标		内　　容
实验教学项目	**开发技术**（如：3D仿真、VR技术、AR技术、动画技术、WebGL技术、OpenGL技术等）	此虚拟仿真实验涉及的室内外环境、仪器设备、人员等采用ZBrush进行基础模型。ZBrush相对于传统的Maya软件在细节雕刻上更胜一筹，可以根据需要进行材质、光照等的渲染，增加体验感。同时应用ZBrush制作出的产品在运行时更加流畅，符合对于网速的要求。 基础模型制作好后导入3Ds MAX进行修整、合并、优化。3Ds MAX是基于PC系统的三维动画制作和渲染软件，价格低廉，操作简单，可降低制作成本。 3Ds MAX优化后的结果通过3d-coat软件进行贴图，将虚拟实验涉及的真实图片进行粘贴。3D-Coat将真实图片通过法线、置换等方式输出更符合实际颜色、质感的三维图像。 然后通过unity3d软件对于将前期的内容进行整合。 虚拟实验用到的音频和视频素材采用AE软件进行编辑和剪辑，然后也导入unity3d中整合。 最后通过C#语言编写程序实现3D交互步骤，实现视角控制，灯光控制，人物行走控制以及最终的程序界面设计等。
	开发工具（如：VIVE WAVE、Daydream、Unity3d、Virtools、Cult3D、Visual Studio、Adobe Flash、百度VR内容展示SDK等）	Unity3d
	项目品质（如：单场景模型总面数、贴图分辨率、每帧渲染次数、动作反馈时间、显示刷新率、分辨率等）	单场景总面数不超过40万面，贴图分辨率512×512，每帧渲染次数24。 分辨率：1920×1080，显示刷新率60 Hz。
管理平台	**开发语言**（如：JAVA、Net、PHP等）	C#语言
	开发工具（如：Eclipse、Visual Studio、NetBeans、百度VR课堂SDK等）	Visual Studio
	采用的数据库（如：HBASE、Mysql、SQL Server、Oracle等）	SQL Server2008版本

5.实验教学项目特色

(体现虚拟仿真实验项目建设的必要性及先进性、教学方式方法、评价体系及对传统教学的延伸与拓展等方面的特色情况介绍。)

1.实验方案设计思路

本项目选择在群落演替和生态序列上具有典型性和独特性、在世界上增长最快的湿地生态系统开展,无可取代,开展虚拟仿真项目可以解决演替时间漫长、修复耗资巨大、新生淤泥湿地不可及不可达、难以开展学生实验的难题,既能为学生传授重要的群落演替和生态修复知识、技能,又能为区域生态文明建设服务,具有重要的科研教学意义和推广应用价值。

本虚拟仿真项目是以黄河三角洲湿地生态系统为背景开展的,以此为研究对象主要基于三点考虑:(1)黄河三角洲湿地是世界上暖温带保存最广阔、最完善、最年轻的湿地生态系统,被国际湿地公约秘书处列入“国际重要湿地名录”,有着较为完整的原生群落演替序列,是研究演替与修复的理想区域;(2)山东大学自20世纪50年代末开始就开展了针对黄河三角洲的研究工作,并发表了诸多相关的学术论文及书籍,有丰富的研究基础及实践基础,便于促进科研与教学之间的转化、融合;(3)黄河三角洲作为一个国家级高效生态经济区与可持续发展实验区,自身肩负着环境保护与生态建设的历史重任,项目的实施可为生态文明建设服务,以贯彻习总书记“生态文明思想”引领“美丽中国”建设。

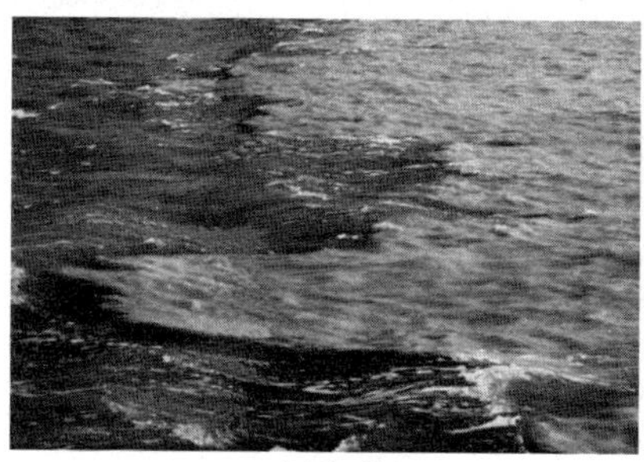

河海交汇

滩涂湿地

滩涂湿地

芦苇群落

图9　黄河三角洲湿地不同景观特征

本虚拟仿真项目是以群落演替与生态修复为主要内容展开的,主要基于:(1)植物群落演替是生物学上比较重要的内容,但在时间尺度上跨越较大,长时间的缓慢变化过程学生是不可能在一次实践过程中观察到的,以学生的知识储备也难以通过照片想象其中的动态变化;(2)湿地生态修复工程是群落发生逆向演替所进行的人为干预,一般都是耗资巨大的复杂工程,学生在日常的学习中仅能通过资料来接触湿地修复工程,无法实际操作。

续表

退化柽柳群落

退化芦苇群落

生态修复工程

图 10　黄河三角洲退化湿地生态修复工程

以群落演替生态与修复为内容建立虚拟仿真项目，能够突破时间与空间限制，打破课堂与实践壁垒，拓展实验深度与广度。让学生一方面对“群落演替”“生态修复”等在课堂上无法开展的实验有整体、直观的认识，对演替驱动力、演替过程中植被群落及微生物群落的变化等有深入了解；另一方面能够对野外实验有宏观认识，了解、熟悉和掌握野外的工作流程，将耗时很长的综合实验在 2 个学时内完成，锻炼学生全面的学术思维和科研能力。

2.教学方式方法

本项目基于“以虚补实，以虚促实，虚实结合”的教学理念，采用以问题为导向的启发式教学、即时人机互动的研讨式教学，既有验证性实验、又有开放性研究课题的探究式学习方法，以及面向低、中、高不同难度要求的考核内容，教学方式方法灵活多样、新颖有趣。

实验操作主要表现在：项目采用虚拟实验操作和实体实验操作相结合的方式进行，虚拟实验为实体实验提供教学资源，实体实验为虚拟实验提供实践平台，充分体现“以虚补实、以虚促实、虚实结合”的教学模式，有助于学生进行全面系统的实验技能培训，并建立完整的知识体系。

考核内容主要表现在：项目在以往传统实验及虚拟仿真实验的基础上，针对不同的使用人群，配套有不同的实验内容及考核模式，并分为低难度、中难度和高难度三种不同的难度等级，以使本虚拟仿真项目能够适应更多课程、更多高校，便于在全国范围内辐射共享。除此之外，虚拟仿真平台支持在线互动交流答疑，通过开展问题式、探究式和讨论式的学习方式，以丰富课堂内容，并为学生提供开放式研究课题以供选择，增加趣味性和科研性。

续表

3.评价体系 本项目的评价体系由**虚拟仿真操作实验**、**实体实验操作**、**实验报告**等三部分构成，进行总成绩评定。在传统虚拟仿真项目的基础上，增加了实体实验操作，**切实做到“以虚补实、以虚促实、虚实结合”**；系统根据预设的实验步骤和标准进行评定，指导教师会根据实体实验操作、实验报告等相关内容进行评定，将虚拟仿真实验与传统实验有机结合，**探索多元化、可持续性的评价体系**，同时鼓励学生进行创新能力和科研能力的培养，从而促进人才培养质量的提高。 4.传统教学的延伸与拓展 本项目“以虚补实、以虚促实、虚实结合”，**为理论教学提供虚拟素材，为实践教学提供辅助手段**，突破时间与空间限制，打破课堂与实践壁垒，拓展实验深度与广度。项目的建立，充分利用信息化技术，将课堂上难以描述的巨大时间空间演替序列和过程等晦涩难懂的概念、难以一次性观察到的现象与野外实际，变成可以在短时间和小的空间实现的实验，将传统教学无法实现的项目通过虚拟仿真开展，**“虚实结合、以虚促实”**激发学生探索生命的激情，提高学生创新能力和实践能力。项目通过开放性研究课题增加实验的开放性和研究性，利用动物 3D 仿真模型活跃场景、增加趣味性，便于学生自主和移动学习，提高学生学习效率，增强科研能力。

6.实验教学项目持续建设服务计划

（本实验教学项目今后 5 年继续向高校和社会开放服务计划，包括面向高校的教学推广应用计划、持续建设与更新、持续提供教学服务计划等，不超过 600 字。） **1.面向高校的教学推广应用计划** 黄河三角洲湿地景观独特，具有国际意义，目前本项目已与青海大学、青海师范大学、兰州大学、四川大学、内蒙古大学等黄河流域西部高校以及浙江大学、复旦大学、北京师范大学、吉林大学等国内著名高校签订了共享协议，在今后五年中，项目将进一步面向黄河流域的高校推广应用，实现辐射应用。 **2.持续建设与更新** 今后五年中，项目将拓展设计演替与修复的范围和生态序列，覆盖更多的演替序列与生态修复类型，如人工演替、自然演替，草地修复、山地修复、农田修复等；同时，增加鸟类多样性在演替与修复中的内容，反映和体现鸟类在湿地生态系统中的地位和作用。另一方面，移动学习作为一种非正式学习方式，是传统教学方式的一种重要补充，使碎片化、开放化教学方式成为可能，项目在后续开发中将着力推动手机客户端的应用，使学习资源更高效利用，实现学生的随时随地学习。 **3.面向社会的推广与持续服务计划** 今后五年中，项目将面向中学生以及自然保护区、国家湿地公园等相关单位提供科普展示，具体服务计划如下：1）利用每年暑假夏令营、科学营、奥赛等活动，对中学生进行科普展示；2）项目将向相关单位提供科普服务和科普展示，弘扬生态保护意识，服务生态文明建设；3）承办虚拟仿真相关会议，目前已承接第五届全国生物和食品类虚拟仿真实验教学资源建设研讨会（2019 年），为高校间的沟通交流提供平台，后续将借助山东大学（青岛校区）平台，为生物类人才培养以及生态文明建设做出贡献。

7.诚信承诺

本人已认真填写并检查以上材料，保证内容真实有效。

实验教学项目负责人（签字）：

年　　月　　日

8.申报学校承诺意见

本学校已按照申报要求对申报的虚拟仿真实验教学项目在校内进行公示，并审核实验教学项目的内容符合申报要求和注意事项、符合相关法律法规和教学纪律要求等。经评审评价，现择优申报。

本虚拟仿真实验教学项目如果被认定为“国家虚拟仿真实验教学项目”，学校承诺将监督和保障该实验教学项目面向高校和社会开放并提供教学服务不少于5年，支持和监督教学服务团队对实验教学项目进行持续改进完善和服务。

（其他需要说明的意见）

主管校领导（签字）：

（学校公章）

年　　月　　日

附录五　国家精品在线开放课程申报书(2019年)

国家精品在线开放课程申报书
(2019年)

课　程　名　称:趣味生物学实验

课程负责人:郭卫华

联　系　电　话:13589056676

主要开课平台:爱课程(中国大学MOOC)

申报课程学校:山东大学

专业类代码:0710

填　表　日　期:2019年7月9日

教育部高等教育司　制

二〇一九年七月

填表说明

1.开课平台是指提供面向高校和社会开放学习服务的公开课程平台。

2.申报课程名称、课程团队主要成员须与平台显示情况一致，课程负责人所在单位与申报课程学校一致。

3.课程性质可根据实际情况选择，可多选。

4.申报课程在多个平台开课的，只能选择一个主要平台申报。多个平台的有关数据可按平台分别提供"课程数据信息表"（附件2）。

5.因课时较长而分段在线开课、并由不同负责人主持的申报课程，可多人联合申报同一门课程。

6.专业类代码指《普通高等学校本科专业目录（2012）》或《普通高等学校高等职业教育（专科）专业目录（2015年）》中的专业类代码（四位数字）。没有对应学科专业的课程，本科填写"0000"，专科高职填写"1111"。

7.申报书与附件材料一并按每门课程单独装订成册，一式两份。

一、课程基本情况

课程名称	趣味生物学实验	前两年是否申报	○是 √否
课程负责人	郭卫华		
负责人所在单位	山东大学		
课程对象	√本科生课 ○专科生课 √社会学习者		
课程性质	√高校学分认定课 ○社会学习者课程		
课程类型	√大学生文化素质教育课 ○公共基础课 ○专业课 ○其他		
	□思想政治理论课 □创新创业教育课 □教师教育课		
课程讲授语言	√中文 ○中文＋外文字幕(语种) ○外文(语种)		
开放程度	√完全开放:自由注册,免费学习 ○有限开放:仅对学校(机构)组织的学习者开放或付费学习		
主要开课平台	爱课程(中国大学MOOC)		
平台首页网址	https://www.icourse163.org/		
首期上线平台及时间	爱课程(中国大学MOOC),2018-03-10		
课程开设期次	3期		
课程链接	https://www.icourse163.org/course/SDU-1002485001		

二、课程团队情况

课程团队主要成员(含负责人,限5人之内)					
序号	姓名	单位	职称	承担任务	平台用户名
1	郭卫华	山东大学	教授	课程整体设计	郭卫华
2	张燕君	山东大学	教授	任课教师、运营管理	张燕君
3	刘红	山东大学	副教授	任课教师	刘红
4	于晓娜	山东大学	实验师	任课教师、课程组织协调	于晓娜
5	陈忠科	山东大学	副教授	任课教师	陈忠科

课程团队其他成员					
序号	姓名	单位	职称	承担任务	平台用户名
1	向凤宁	山东大学	教授	任课教师	向凤宁
2	杜宁	山东大学	讲师	任课教师	杜宁
3	李守玲	山东大学	工程师	任课教师	李守玲
4	赵晶	山东大学	应用研究员	任课教师	赵晶
5	冯悟一	山东大学	实验师	任课教师	冯悟一
6	刘振华	山东大学	讲师	任课教师	刘振华

课程负责人教学情况

山东大学生命科学学院副院长、教授、博士生导师，教育部新世纪优秀人才。兼任教育部高校生物科学类专业教指委委员、中国生态学会常务理事、山东植物学会副理事长、山东林学会副理事长、山东生态学常务理事。

近五年来讲授本科生课程“生态学”“生理生态学”“生态学研究方法”“新生研讨课”“生命科学进展”“趣味生物学实验”及中国大学 MOOC 课程“趣味生物学实验”。

主持国家虚拟仿真实验教学项目“黄河三角洲湿地生态系统演替与修复实验”，主持山东省本科教改项目“体验式、互动式、探究式的高校创新生物学通识课程建设与示范”，主持山东大学实验室建设与管理研究重大项目“生物学虚拟仿真及在线开放共享平台开发建设与示范”，主持山东大学“双一流”人才培养专项建设项目“趣味生物学实验示范课堂建设”。

作为主编出版《趣味生物学实验数字课程》（高等教育出版社，2017）。获山东省科技进步二等奖 1 项、山东省教学成果一等奖 1 项，二等奖 2 项。2014～2018 年连续四次获得全国微课大赛（生命科学类）优秀组织奖；2015～2016 年连续获得山东大学课堂教学质量优秀教师称号；2017 年获山东大学“我最喜爱的老师”荣誉称号；2018 年获“大国良师”杰出贡献奖；2019 年荣获山东大学“本科教学荣誉体系”教学优秀奖。

三、课程简介及课程特色

1.课程主要内容及面向对象

“趣味生物学实验”是面向非生物专业大学生的文化素质教育课和社会大众的科普课。课程精选了十几个兼具科学性、趣味性并紧密联系生活的生物学实验，涉及从宏观到微观、从人体到环境等不同层面，涵盖动物、植物、微生物、生态、人体生理、生化、遗传、分子等生命科学领域。内容主要包括人工琥珀动植物标本的制备、草履虫形态和运动的观察、植物组培与试管苗诱导、大肠杆菌绘图与诱导发光、蔬果农药残留检测、牛奶中酪蛋白的分离制备、诱变因素的微核测试、人类性别的分子鉴定、血压和心电图的采集、植物鉴赏等。课程实现了线上线下教学相结合的个性化、智能化、泛在化实验教学新模式，培养学生科学探究能力、提高生物科学素养。

续表

2.信息技术在课程改革中的应用 课程以学生熟悉或关注的生活场景导入，充分利用信息化技术，打造生动有趣的课堂氛围。信息化技术改革主要体现在：(1)把学生没有条件进行的实验通过演示变得可视化，突出每一实验的知识点和实验操作、实验结果的内在联系，让学生“眼见为实”，实现知识的逐步深入；(2)充分利用3D仿真、动画技术等，构建虚拟仿真模块，还原真实场景，让学生完成群落演替、生态修复等野外综合实验内容，在传授知识和技能的基础上，激发学生兴趣和创新意识；(3)课程小组运用信息技术编写的《趣味生物学实验数字课程》，已于2017年由高等教育出版社出版，可与课程配套使用，产生了良好的反响。 3.课程特色 (1)课程以学生熟悉或关注的生活场景导入，综合运用体验式、互动式、探究式的通识生物学教学方法，充分体现“生活科学化、科学趣味化”； (2)利用3D仿真、全景技术、动画技术等，拓展了实验教学的深度和广度，实现了线上线下教学相结合的个性化、智能化、泛在化实验教学新模式； (3)课程是中国大学MOOC平台第一门通识教育实验课程，具有一定的开创性意义，与课程配套使用的《趣味生物学实验数字课程》教材也已由高等教育出版社出版发行。

四、课程考核(试)情况

1.课程考核体系 对学习者的考核由课后测验和期末考试组成。 (1)课后测验：在每一次实验结束后，要求学生独立完成课后测验，占课程成绩的50%。每个实验模块根据实际情况设置了2～6道习题(每道题2分)，课程会及时更新习题内容，习题中包含所讲授内容的拓展知识点，在教师点评的同时，由课程系统智能化分配，学生间开展作业互评，注重课程考核的过程性评价。 (2)期末考试：在课程结束后，学生需参加课程的最后考试，占课程成绩的50%。每个实验模块设置了题库，系统智能化分配，为学生随机从题库中抽取25道考题(每道题2分)，时间设定为120分钟。 最终成绩(100分)为课后测验(50分)与期末考试(50分)的总和。 2.证书要求 课程设置“合格”(60～79分)、“优秀”(80～100分)两档结业标准，由任课教师签发课程结业证书，其中成绩“优秀”者将颁发优秀证书。证书分为免费证书(电子版)和认证证书(可查询验证的电子版和纸质版)。
附件列表： **第一期在线期末考试试题** **第三期在线期末考试试题**

五、课程应用情况

1.本校教学应用情况课程开展线上线下混合教学，线下课程开设于2015，是生命学院的本科选修课，目前已有1814人选课，成为山东大学最受学生欢迎的名牌课程之一，山东大学官方微信公众号推介为最受学生欢迎的选修课，入选山东大学“示范课堂”；在线课程开设3期以来，深受学生欢迎，是山东大学学分认定课程。

续表

2.其他高校教学情况

课程在中国大学MOOC平台的评价为五星4.9分，前三期选课人数总数为6859人，第4期目前选课人数为3879人，**已签约中国大学MOOC向全国高校推荐开设的优秀课程。**选课学生来自137所高校，其中包括北京大学、浙江大学、中国科学院、复旦大学、厦门大学等国内知名高校及青海大学、内蒙古师范大学、榆林大学等西部高校，以及贝尔法斯特皇后大学、印第安纳州普渡大学等国外高校。

3.社会学习者应用情况

有来自于山东省实验中学、济南历程二中、东莞市常平中学、东莞市第一中学、东莞市塘厦中学等社会学习者。课程的应用引起了各界媒体的广泛关注，济南日报、齐鲁晚报、济南电视台、《党员干部之友》刊物等争相报道，并为河南外国语学校培训师资。

4.专家推荐情况

教育部大学生物学课程教学指导委员会副主任吴敏教授，教育部生物科学类专业教学指导委员会副主任肖蘅教授、副主任陈建群教授、委员王建波教授、张雁教授、臧建业教授、洪一江教授，山东大学刘传勇教授、郝兴伟教授、石部宾教授等鉴于对课程及团队的认可，推荐本课程申报国家精品在线开放课程。

5.教研应用情况

基于课程的教学研究，课程团队获得山东省本科教改项目和山东大学重大实验室建设与管理研究项目的资助，基于课程所凝练的教学成果获得2018年山东省教学成果二等奖，并将教改成果应用到MOOC教学过程中。

6.科研应用情况

课程团队以教带研，以研促教，课程教授内容与科学研究紧密结合，在课程开设期间，课程团队成员主持国家级生物学领域科研项目18项，累计经费1400余万元，包括国家重大科学研究计划、国家重大专项、国家重点研发计划课题、国家自然科学基金等。课程是培训相关科研项目组研究生成员的重要内容之一，为科研项目的顺利实施提供了基础。

六、课程建设计划(不超过500字)

“趣味生物学实验”作为山东大学的明星课程，已在线开放3期，是“生活科学化，科学趣味化”的具体体现，目前是山东大学的学分认定课程。在今后五年课程团队会继续努力，将课程打造成具有引领性、示范性的在线开放课堂。

(1)开展教学研究，凝练教学成果。积极参加国内外的教学会议及各级教学技能培训会议，增强与其他院校教学经验交流，对教学方法进行深入探讨，使该课程的教学理念、教学内容始终处于创新探索的时代前沿，并及时总结教学经验，凝练教学成果，撰写教学论文。

(2)拓展教学内容，提高教学深度。生物学是发展极为迅速的学科，在今后五年中，团队根据生物学领域最新的科研成果优化课程体系、拓展实验内容、提高教学深度，提供更多的具有前沿性和时代性的实验项目供学生及社会群体选择，兼具专业性和大众化，以期为人才培养以及生态文明建设做出贡献。

(3)增强服务质量，提升服务功能。目前课程已面向全国所有高校和社会学习者开放使用，在今后五年中，课程将结合虚拟仿真项目，进一步面向中西部高校定点推广，实施个性化的定制服务，并继续争取更多的学分认定单位，以学校名义集体选课，从而实现全方位的辐射应用，力争打造成具有示范引领性的在线开放课堂。

七、课程负责人诚信承诺

本人已认真填写并检查以上材料，保证内容真实有效。

课程负责人(签字)：

年　　月　　日

八、附件材料清单

1.政治审查意见
附件材料—政治审核意见
2.学术性评价意见
附件材料—学术性评价意见
3.课程数据信息表
附件材料—课程数据信息表
4.校外评价意见
附件材料—校外评价意见
5.其他材料
01 附件材料—课程相关证书
02 附件材料—课程相关获奖
03 附件材料—课程相关教研项目
04 附件材料—课程相关照片
05 附件材料—课程学生评价
06 附件材料—代表性论文
07 附件材料—课程新闻报道
08 附件材料—课程专家评价

九、申报学校承诺意见

本校已按照申报要求，对申报课程网上内容和教学活动进行了审查，对课程有关信息及课程负责人填报的内容进行了核实。经评审评价，现择优申报。

本课程如果被认定为“国家精品在线开放课程”，学校承诺为课程团队提供政策、经费等方面的支持，确保该课程面向高校和社会学习者开放，并提供教学服务不少于5年，监督课程教学团队对课程不断改进完善。

主管校领导签字：
（学校公章）

年　　月　　日

十、中央部门教育司(局)或省级教育行政部门推荐意见(教育部直属高校免填)

（单位公章） 年　　月　　日

附录六 山东大学虚拟仿真实验教学资源共享协议书

甲方：

乙方：

虚拟仿真实验教学是在互联网及相关技术不断成熟的条件下建设起来的新型实验教学形式，为了弥补实体实验室在一些高难度、过程复杂等实体实验教学中难以完成的项目，山东大学生命科学学院进行了《黄河三角洲湿地生态系统演替及修复综合实验》虚拟仿真项目建设。为了充分共享虚拟仿真教学资源，经甲方（　　　　　　）、乙方（　　　　　　）友好协商，制定了虚拟仿真实验教学资源的开放共享协议。

1.甲方同意将虚拟仿真实验教学资源向乙方免费开放3年，并在开放共享过程中向乙方师生提供技术指导与支持。

2.乙方负责对使用甲方《黄河三角洲湿地生态系统演替及修复综合实验》虚拟仿真项目的学生进行网络安全和用网道德规范教育，并进行监督和管理。

3.甲乙双方每年就虚拟仿真实验教学资源利用、改进及进一步建设进行交流与研讨，以推动虚拟仿真实验教学资源的进一步完善和辐射共享。

4.本协议自签订之日起执行。未尽事宜双方协商解决。

甲方：　　　　　　　　　　　　乙方：

（签章）　　　　　　　　　　　（签章）

课程数据信息表(2019)

课程基本信息			
课程名称	趣味生物学实验		
学校名称	山东大学		
课程负责人	郭卫华		
单期课程开设周数	15 周		
课程运行平台名称	爱课程(中国大学 MOOC)		
开放程度	●完全开放:自由注册,免费学习 ○有限开放:仅对学校(机构)组织的学习者开放或付费学习		
课程开设情况			
开设学期	起止时间	选课人数	课程链接
1	2018-03-10～2018-07-10	3286	http://www.icourse163.org/course/SDU-1002485001?tid=1002647001
2	2018-09-17～2018-11-30	2165	http://www.icourse163.org/course/SDU-1002485001?tid=1003208002
3	2019-03-01～2019-06-10	1408	http://www.icourse163.org/course/SDU-1002485001?tid=1004007006

课程资源与学习数据			
数据项		第(1)学期	第(3)学期
授课视频	总数量(个)	17	15
	总时长(分钟)	315	298
非视频资源	数量(个)	0	0
课程公告	数量(次)	14	11
测验和作业	总次数(次)	17	15
	习题总数(道)	45	50
	参与人数(人)	250	282
互动交流情况	发帖总数(帖)	181	111
	教师发帖数(帖)	35	0
	参与互动人数(人)	50	75

续表

课程资源与学习数据			
数据项		第(1)学期	第(3)学期
考核(试)	次数(次)	1	1
	试题总数(题)	25	25
	参与人数(人)	38	71
高校 SPOC 使用情况	使用课程学校总数	0	
	使用课程学校名称	无	
	选课总人数	0	
课程平台单位承诺			
1.本单位已认真填写并检查此表格中的数据,保证内容真实准确; 2.本单位同意按照要求为此次在线开放课程认定工作提供必要的技术支持; 3.如果此课程被认定为“国家精品在线开放课程”,本单位承诺,自认定结果公布开始,平台将该课程面向社会开放不少于5年,并按教育部要求提供年度运行数据,接受监督和管理。 课程平台单位(公章): 联系人及电话:王艳宁(010-58582535)			

填报说明:

1.“单期课程开设周数”指课程一个完整教学周期的运行周数。

2.“课程开设情况”,一门课开设多期,则填写多行记录,学期开始时间和结束时间具体到日,格式如:2016-9-1(年-月-日)。

3.“课程资源与学习数据”,可以任选“课程开设情况”中的两期填写所有数据,“第(　)学期”括号中填写“开设学期”的数字。若课程参与了前两年认定未通过,必须填写一个2018年8月1日后开设的学期。

4.“高校 SPOC 使用情况”仅提供课程平台系统里开设 SPOC 的数据信息。

校外专家推荐信

山东大学生命科学学院在线开放课程“趣味生物学实验”是针对理、工、医、文、艺、体等各非生物类专业领域的学生设计的一门通识教育实验课，内容涉及从宏观到微观、从人体到环境等不同的层面，涵盖动物、植物、微生物、人体生理、生化、遗传、分子、生态等生命科学领域的八个基础学科。该课程以生动有趣的实验带动学生对相关知识的理解，充分体现了“生活科学化、科学趣味化”，兼具科学性、趣味性和可扩展性，注重跨学科应用型人才的培养，注重实用操作，采用专题的形式，让学生在实践中学，在“玩”中学，形成了独特、合理的课程体系。

该在线开放课程是由山东大学通识实验课程“趣味生物学实验”发展而来，面授对象为山东大学全校本科生，始于2015年。后经课程团队历时近两年制作完成，自2018年至今已在中国大学MOOC完成开设3期，该课程引导学生建立对身边一些生物学现象的正确认识，立足科学，明辨是非，学以致用。

课程教材的建设也是该课程的重要亮点。课程负责人及课题组成员编写的教案、PPT课件、课程视频、作业、试题、教学参考等由高等教育出版社以《趣味生物学实验教程》数字化教材的方式出版。

课程负责人郭卫华教师及团队成员张燕君教师、刘红副教授、陈忠科副教授、赵晶高工、向凤宁教授等专业基础扎实、知识视野开阔、创新能力强、有广博的认识，都是生物学学术领域及教学领域的佼佼者。鉴于“趣味生物学实验”课程的创新性、重要性及取得的成绩，同时鉴于本人对课程团队成员的专业性认可，十分愿意推荐其申报国家精品在线开发课程。

附录七 山东大学教学成果一等奖获奖证书及获奖通知

荣誉证书

山东大学教学成果奖

成果名称：体验式、互动式、探究式的高校创新生物学通识课程建设与示范

成果完成人：郭卫华、张燕君、刘红、于晓娜、杜宁、向凤宁、张淑萍、陈忠科、李守玲、赵晶、冯悟一、孟振农、刘振华

获奖等级：一等奖

证书编号：202009

山东大学

二零二零年五月

山东大学2019年校级教学成果奖获奖公示名单

编号	成果名称	成果推荐单位	成果第一完成人	获奖等级
2019A01	体验式文化教学课程体系与通识教育创新	国际教育学院	宁继鸣	一等奖
2019A02	新文科视域下的田野考古学	历史文化学院	方辉	一等奖
2019A03	“领读经典-文学史”微专业课程体系建构研究——基于文学生活馆通识教育创新平台的探索	新闻传播学院	谢锡文	一等奖
2019A04	“一体多翼”式复合型应用型卓越法律人才培养模式研究	法学院	周长军	一等奖
2019A05	专创融合创新创业教育平台生态体系与赢创山大实践	本科生院	邢建平	一等奖
2019A06	“国际贸易学”课程从线下到线上的建设与应用	经济学院	范爱军	一等奖
2019A07	多元外语人才的分层分类培养模式创新与实践	外国语学院	王俊菊	一等奖
2019A08	天文与空间科学特色人才培养体系建设	威海校区教务处	夏利东	一等奖
2019A09	体验式、互动式、探究式的高校创新生物学通识课程建设与示范	生命科学学院	郭卫华	一等奖
2019A10	新时代信息化背景下大学物理系列课程的教学模式创新与实践	物理学院	刘建强	一等奖
2019A11	产学合作、协同育人——打造产学深度融合的机械类人才新型培养模式	机械工程学院	张进生	一等奖
2019A12	理论与竞赛双驱引领“新工科”人才培养模式探索与实践	威海校区教务处	王小利	一等奖
2019A13	回归本位、革新机制、智能引领、全程多元，做大做强自动化类新工科专业	控制科学与工程学院	陈阿莲	一等奖
2019A14	新工科人才创新实践能力培养模式的探索与实践	机械工程学院	李建勇	一等奖
2019A15	基于工程训练国家级实验教学示范中心“一二三四”发展模式的创新探索与实践	工程训练中心	朱瑞富	一等奖
2019A16	“理实融育-科研哺教-平台共享-产教协同”四位一体创新人才培养实践	控制科学与工程学院	朱文兴	一等奖
2019A17	一流药学专业本科人才培养的综合改革与实践	药学院	刘新泳	一等奖
2019A18	全面建设规范化、信息化、立体化相结合的创新型医学基础实验教学示范中心	基础医学院	易凡	一等奖
2019A19	传承创新、共享引领——基于在线课程的诊断学混合式教学模式的改革与实践	临床医学院	王欣	一等奖
2019A20	以学生为中心、以创新及临床思维为导向的多模式、数字化形态学课程	基础医学院	刘尚明	一等奖
2019B01	协同创新视域下大学生创新创业团队培育与能力提升研究	管理学院	王兴元	二等奖
2019B02	学生中心、因材施教：高校思政课课堂实践教学设计	威海校区教务处	吴文新	二等奖
2019B03	思政小课堂同社会大课堂结合理念下的思想政治理论课实践教学模式构建与强化	威海校区教务处	郝书翠	二等奖
2019B04	新时代外语专业国际组织后备人才培养体系的构建与实践	外国语学院	刘洪东	二等奖
2019B05	立德树人导向的实验案例教学模式创新	管理学院	戚桂杰	二等奖
2019B06	CDIO理念下的司法社会工作教学模式的探索与实践	哲学与社会发展学院	付立华	二等奖
2019B07	课堂+田野+策展，三位一体博物馆创新人才培养模式的探索与实践	历史文化学院	王芬	二等奖
2019B08	基础学科拔尖人才质量提升的“闭环体系”建立与教学改革实践	政治学与公共管理学院	张天舒	二等奖
2019B09	综合院校艺术学科的交叉教学改革研究	威海校区教务处	纪维剑	二等奖
2019B10	“基础”课运用中华优秀传统文化立德树人的路径研究	马克思主义学院	徐国亮	二等奖
2019B11	大学生数学竞赛与创新人才培养	数学学院	张天德	二等奖
2019B12	面向系统能力培养的计算机专业教学体系研究与实践	计算机科学与技术学院	蔡晓军	二等奖
2019B13	医用化学系列课程教学模式改革与创新实践	化学与化工学院	赵全芹	二等奖
2019B14	物理专业创新人才培养模式研究	威海校区教务处	张鹏	二等奖
2019B15	环境类主干课程教学体系建设及创新——基于《固体废物处理处置与资源化》课程的实践教学体系建设	环境科学与工程学院	岳钦艳	二等奖
2019B16	多维贯铸自动化开元金课，德业融育高素质创新人才	控制科学与工程学院	张承慧	二等奖
2019B17	以生为本的基础力学课程体系革新、建设与实践	土建与水利学院	冯维明	二等奖
2019B18	提高本科生创新能力的途径	信息科学与工程学院	姜威	二等奖
2019B19	智能时代的大学计算机通识教育改革与实践	软件学院	郝兴伟	二等奖
2019B20	融通实践、创新、创业培养渠道实现大学生综合能力全面提升	材料科学与工程学院	张景德	二等奖
2019B21	工程能力导向的专业综合实验体系改革与实践	材料科学与工程学院	郑超	二等奖
2019B22	微电子与集成电路产教协同创新人才培养体系研究	微电子学院	王卿璞	二等奖
2019B23	课程重实践，平台强保障，竞赛提水平，专创融合共促本科学生创新能力提升	能源与动力工程学院	辛公明	二等奖
2019B24	急诊医学储备人才岗位胜任力培养模式研究与推广	临床医学院	陈玉国	二等奖
2019B25	基于CASE理念的护理学混合式教学模式创新与实践	护理学院	王克芳	二等奖
2019B26	药物分析课程群多维度教学模式的创新与实践	药学院	王海钠	二等奖
2019B27	“思政、专业、实践、创新”四位一体构建口腔医学人才培养体系	口腔医学院	葛少华	二等奖
2019B28	护理学专业虚拟仿真实验项目建设及应用	护理学院	李静	二等奖
2019B29	构建具有创新理念的实验教学环境，建设高水平、智慧化、信息化技术创新的医学实验教学平台	基础医学院	马剑峰	二等奖
2019B30	以岗位胜任力为导向的预防医学人才培养模式创新与实践研究	公共卫生学院	李士雪	二等奖

附录八　论文：如何融会贯通掌握植物生活史

高校生物学教学研究（电子版）2017年6月，7（2）：44–48
ISSN 2095–1574　CN 11–9307/R　bioteach.hep.com.cn
DOI 10.3868/j.issn 2095–1574.2017.02.010

教改纵横

如何融会贯通掌握植物生活史

张淑萍[✉]，孟振农，郭卫华，王仁卿
山东大学生命科学学院，济南，250100

摘　要： 植物生活史是植物学中联结个体发育和系统发育的核心概念，也是植物学教学和学习的重点与难点。本文通过厘清植物生活史相关的概念，解析不同植物类群间生活史的差异和内在联系，探讨植物生活史的系统演化和生态进化，提出了循序渐进、融会贯通的教学方案，以期有助于广大师生在教学中正确认识、深入理解和系统掌握植物生活史这一重要概念。

关键词： 植物，生活史，繁殖，生殖，世代交替

How to Comprehensively Teach and Learn Plant Life History

ZHANG Shu-ping[✉]，MENG Zhen-nong，GUO Wei-hua，WANG Ren-qing
School of Life Sciences，Shandong University，Ji'nan 250100，China

1　引言

生活史（life history）或生活周期（life cycle）是植物学中的一个核心概念，指从一个植物体的某一生长发育阶段（如孢子体、配子体、合子等）开始，到其子代（后代）重现这一生长发育阶段的过程[1]。与发育（development）或个体发育（ontogeny）强调一个特定植物体从出生到性成熟阶段或直至死亡的过程不同，生活史强调植物通过繁殖更新换代的过程。因此，植物的繁殖方式是生活史的核心，繁殖方式不同，生活史也不同。

生活史既包含植物体从出生到生长、发育、繁殖的重要的个体发育阶段，也包含子代与亲代的更迭过程，是理解植物生长繁殖的重要线索。同时，不同植物类群的生活史既相似又不同，而且伴随植物从低等到高等不断进化，是贯穿植物系统发育的重要概念。因此，生活史是联系植物个体发育和系统发育的纽带，是植物学教学和学习中的重点[2]。

然而，由于生活史牵涉植物生长繁殖相关的很多概念，不同植物类群生活史复杂多变，仅凭对单一章节的学习很难系统掌握。加之相同发育阶段或生殖结构在不同类群中被赋予不同的术语，很容易造成学习中的混淆。因此，生活史也是植物学教学和学习中的难点[3]。

由于植物生活史及其相关概念的复杂性，很多本科生甚至研究生都不能正确理解和系统把握，直接影响其对整个植物学基础知识体系的掌握和运用。本文拟通过提炼植物学教材中多个章节对生活史相关内容的论述，辨析相关概念，总结不同植物类群生活史的统一性和多样性，理清植物生活史进化的

收稿日期： 2016–10–15；**修回日期：** 2017–01–20
基金项目： 山东大学教育教学综合改革立项（2015）项目“生物科学类不同专业特色的本科人才培养模式创新研究”
通讯作者： 张淑萍，E-mail：spzhang@sdu.edu.cn

节点和脉络，提出循序渐进、融会贯通的植物生活史教学方案，以期有助于广大师生对这一概念的准确理解和动态掌握。

2 概念辨析

2.1 生活史

生活史的概念很容易与个体发育的概念混淆。生活史强调植物亲代生长发育阶段在后代中的重现，一个完整的生活史往往包含两个以上的世代；个体发育一般指一个特定植物体从出生到死亡的全过程[1]。

在大部分植物学教材中，苔藓、蕨类、种子植物等类群中都有介绍其生活史特征过程，但并没有特别的章节去分析不同类群间生活史的联系与区别。这是造成植物生活史概念混乱的原因之一。在进化水平更高的植物类群中，生殖过程和生殖结构的复杂化也使生活史的理解更加困难。

2.2 植物和植物体

要理解植物生活史必须明确什么是植物（plant）和植物体（plant organism）。二界系统中植物界包括原核藻类、真核藻类、真菌等低等植物和苔藓、蕨类、裸子植物和被子植物等高等植物；五界系统中植物界则仅指高等植物，原核藻类、真核藻类、真菌则分别被归入原核生物界、原生生物界和真菌界。由于多数植物学教材采用二界系统，本文将主要参照二界系统，对从藻类到被子植物的生活史进行简要梳理。

植物体是植物存在的形式，低等植物的存在形式有单细胞或多细胞但没有组织分化的原植体（thallophyte）。高等植物的存在形式则都是多细胞的有组织分化的植物体。有的植物生活史中出现了两种以上的多细胞植物体形式，即我们后面将谈到的世代交替（alternation of generations）。

2.3 营养繁殖、无性生殖和有性生殖

植物生活史概念强调更新换代，因此繁殖是一个关键环节。有些多细胞植物体繁殖时不产生特化的生殖细胞，而是通过其部分组织或器官与母体分离直接形成新的植物体，被称为营养繁殖（vegetative propagation）。念珠藻科（*Nostocaceae*）植物的藻殖段、地钱（*Marchantia polymorpha*）的孢芽杯、草莓（*Fragaria* × *ananassa*）的不定芽繁殖都属于营养繁殖。营养繁殖的植物生活史过程中不形成特化的生殖细胞，形成的植物体与母体遗传上完全相同。而大部分植物在繁殖时要形成特化的生殖细胞，如果形成的生殖细胞不需要受精即可发育成新的植物体，称为无性生殖（asexual reproduction）；如果形成的生殖细胞必须经过两两配合或者受精作用形成合子，才能进一步发育成新的植物体，称为有性生殖（sexual reproduction）。

2.4 孢子、配子和种子

植物体产生的无性生殖细胞称为孢子（spore），孢子可以是二倍体植物体的孢子母细胞经过减数分裂产生，也可以是植物体的体细胞经过有丝分裂和特化产生，前者称为减数孢子或有性孢子（sexual spore），后者称为非减数孢子或无性孢子（asexual spore）。当有性孢子在大小、形态上有明显不同时称为孢子异型（isospory），反之则成为孢子同型（homospory）。减数孢子经过有丝分裂发育成单倍体的新植物体，新植物体的体细胞染色体数目是母体的一半；而非减数孢子经过有丝分裂发育成染色体数目与母体一致的新植物体。

由二倍体的植物体经减数分裂产生或者单倍体的植物体经有丝分裂和特化形成的需经两两配合才能进行生殖的有性生殖细胞，称为配子（gamete），配子经过两两配合或受精后形成合子发育成新的二倍体的植物体。藻类、真菌、地衣、苔藓、蕨类植物在进行无性生殖时均产生孢子，称为孢子植物（Sporophyta）。当然，这些植物在有性生殖时也产生配子。

无论孢子还是配子，都是单个的生殖细胞。而种子植物（Spermatophyte）在生殖时除了产生孢子和配子，还形成多细胞的生殖器官—种子（seed）。种子中除了由合子发育成的胚，还有提供营养的胚乳和提供保护的种皮。

2.5 减数分裂、受精和核相交替

减数分裂（meiotic division）和受精（fertilization）

是植物有性生殖过程中的关键环节。减数分裂产生染色体数目减半的子细胞——孢子或者配子；配子经过配合或受精形成合子，细胞染色体数目又恢复到减数分裂前的情形。因此，凡是有性生殖的植物体生活史中必然伴随着细胞的核相交替（alternation of nuclear phases）。

有些二倍体植物，如鹿角菜（*Chondrus ocellatus*），细胞经减数分裂形成配子，配子配合形成合子，合子发育成二倍体的新植物体，仅配子阶段细胞是单倍体（haploid）。这类植物的生活史中仅有二倍体（diploid）一种多细胞植物体出现，有核相交替但没有世代交替，称为二倍体单相世代生活史（diplontic life cycle），也称为配子型生活史（gametic life cycle）（图 1a）。

有些单倍体植物如水绵（*Spirogyra*），细胞经有丝分裂和特化形成配子，配子配合后形成合子，合子立即进行减数分裂形成孢子，由孢子经有丝分裂发育成新的单倍体植物体，仅合子阶段细胞是二倍体。这类植物的生活史中仅有单倍体一种多细胞植物体出现，也是有核相交替没有世代交替，称为单倍体单相世代生活史（haplontic life cycle），也称为合子型生活史（zygotic life cycle）（图 1b）。

2.6 孢子体、配子体和世代交替

在所有高等植物和部分藻类植物的生活史中，既有单倍体的多细胞植物体出现，也有二倍体的多细胞植物体出现。两种多细胞植物体在生活史中交

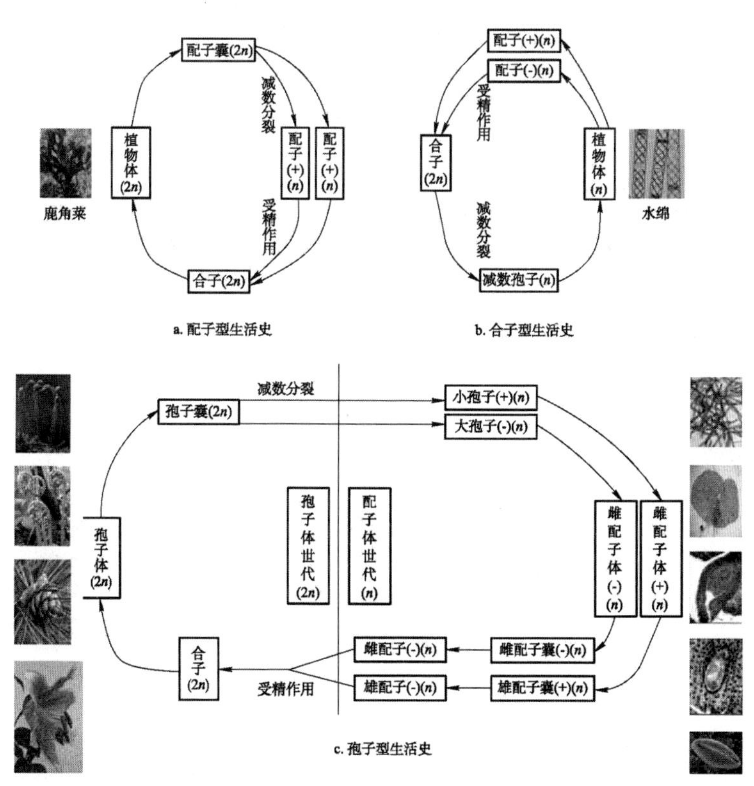

图 1 植物生活史的三种常见类型

替出现的现象，称为世代交替。在具有世代交替的植物生活史过程中，二倍体植物体产生孢子时发生减数分裂，孢子发育成单倍体植物体；单倍体植物体产生配子后形成合子时发生配子融合或受精，合子发育成二倍体植物体。世代交替和核相交替在生活史中相伴发生，这种生活史类型被称为二相世代生活史（diplobiontic life cycle），也被称为孢子型生活史（sporic life cycle）（图 1c）。

因二倍体植物体将通过减数分裂产生无性生殖细胞——孢子，也被称为孢子体（sporophyte），孢子体世代被称为无性世代；单倍体植物体将通过有丝分裂产生有性生殖细胞—配子，也被称为配子体（gametophyte），配子体世代被称为有性世代。如果孢子体和配子体形态结构完全相同，被称为同形世代交替（isomorphic alternation of generations），如石莼（*Ulva pertusa*）；如果孢子体和配子体形态结构不同，差异明显，则被称为异形世代交替（heteromorphic alternation of generations），如海带（*Laminaria japonica*）、苔藓、蕨类等。

有的植物生活史较为复杂，会出现两个以上形态不同的孢子体阶段或者配子体阶段，导致整个生活史中出现形态不同的多个多细胞植物体阶段，如甘紫菜（*Porphyra tenera*）[4]、江蓠（*Gracilaria verrucosa*）等，但从核型上分析，本质上还是只有孢子体和配子体两种类型的多细胞植物体，只是外部形态有了多种变型。

3 植物生活史的多样性和进化

3.1 植物生活史的多样性

与植物类群多样性一样，植物生活史呈现高度多样性，但又有同一性。认识不同植物类群之间的生活史差异和联系，对于我们深入认识植物生活史及其进化都有很大的帮助。

低等的藻类（Algae）生活史最为多样，原核的蓝藻因为没有有性生殖，生活史非常简单，而真核藻类的生活史则高度多样化；多数真菌（Fungi）的菌丝为单倍体核，只在合子阶段为二倍体核，生活史本质上属于合子减数分裂型单相世代生活史。

苔藓植物（Bryophyte）、蕨类植物（Pteridophyte）、裸子植物（Gymnosperm）和被子植物（Angiosperm）都是高等植物，生活史类型都是具异形世代交替的孢子减数分裂型生活史，但不同类群的繁殖方式、孢子体和配子体的结构、受精方式等呈现出高度多样性（附表 1）。

3.2 植物生活史的系统演化

在植物从低级向高级，从简单到复杂进化的系统演化（phylogenetic evolution）过程中，植物的生活史进化也相伴发生[5]，包括生活史类型、孢子体和配子体的结构、生殖器官的结构、受精方式、生殖策略的进化等[6]。总体来看，藻类植物的生活史几乎包含植物界中发现的所有生活史类型，在从水生到陆生的进化过程中，孢子体占优势的孢子型生活史逐渐成为主流，受精过程脱离了对水的依赖，从而更加适应陆地生活。而且，种子植物的生活史中雄配子体（花粉）和种子都可以远距离传播，也利于这类植物占据更多生境。

种子植物的不同类群在性成熟时间、一生开花结实次数、每次结实量、种子大小等生活史策略也受自然选择的影响，呈现出适应性的进化[7]。木本植物一生多次开花结实，种子大，数量少，幼苗存活率高，适应相对稳定的环境；一年生草本植物一生只结实一次，种子小，数量多，适应胁迫和变动的环境。

3.3 植物生活史的生态进化

在物种以下的水平，受自然选择和中性过程的影响，调控植物生活史性状如寿命、开花时间、种子产量等的基因频率也在世代之间发生变化[8]，即发生种群水平的微进化（microevolution），也称生态进化（ecological evolution）。例如有些植物具有严格的自交不亲和机制，这对于防止近亲繁殖非常有效，但在个体数量非常少的生境中却可能面临灭绝风险，这种情况下自交亲和的突变则可能得以延续后代并提高其在后代种群中的频率。

同时，在个体水平植物生活史性状特别是数量性状常具有较强的可塑性，如开花时间会受温度和降水的影响而提前或延迟，结实数量也会受自然条件或捕食者的影响而变化。可塑性是植物生活史适应变化生境的重要基础，也是植物生活史适应进化

附表2　循序渐进、融会贯通的植物生活史教学方案

相关章节	植物生活史知识要点	教学目标	教学方法
第一章　绪论	植物的分界 植物、植物体	明确二界系统、三界系统、五界系统对植物的定义； 认识植物体及其多样性	教师：讲解植物分界研究进展，植物体多样性。 学生：发现、辨别
第二章　细胞、组织、个体发育概论	有丝分裂、减数分裂 个体发育、生活史 繁殖、营养繁殖、无性生殖、有性生殖	明确减数分裂在植物有性生殖中的作用和意义； 明确植物个体发育和生活史的概念、区别与联系； 明确植物营养繁殖、无性生殖和有性生殖的区别	教师：结合熟悉植物讲解、比较； 学生：课本、文献阅读，发现、分析案例，列表比较概念、提出问题
第三章　藻类植物	生活史概念、类型 世代交替、核相交替 孢子体、配子体 孢子（有性、无性）、配子 同配、异配、卵式生殖	理解并掌握三种植物生活史类型及代表植物，会讲解； 明确世代交替、核相交替及其在生活史中的发生； 明确无性孢子和有性孢子、孢子和配子的区别	教师：结合代表植物，讲解相关概念和生活史类型； 学生：小组讨论、相互讲解、拓展阅读、总结比较
第四章　真菌	孢子（有性、无性）、接合孢子、子囊孢子、担孢子、子实体、钩状联合、锁状联合、质配、核配	进一步明确有性孢子和无性孢子的区别； 掌握接合孢子、子囊孢子、担孢子的形成过程； 了解禾柄锈菌生活史中孢子的多样性和适应性	教师：课堂讲解、实物展示。 学生：实物观察、列表比较、小组讨论、相互讲解、拓展阅读
第五章　苔藓植物	原丝体、配子体、精子器、颈卵器、孢子体	掌握苔藓植物生活史中特有的原丝体、精子器、颈卵器、孢蒴、蒴柄、基足等概念； 比较苔藓植物与藻类植物、苔藓植物不同类群间生活史的差异	同上
第六章　蕨类植物	原叶体、配子体、孢子体、孢子囊、孢子囊群、孢子同型、孢子异型、精子器、颈卵器	掌握蕨类植物生活史的特点； 明确蕨类植物与苔藓植物、蕨类植物不同类群的生活史差异	同上； 总结比较孢子植物生活史；期中测试、知识竞赛
第七章　裸子植物	小孢子叶球、大孢子叶球 花粉囊、雄配子体（花粉）、胚珠、雌配子体、颈卵器	掌握裸子植物生活史的特点； 明确裸子植物与蕨类植物、裸子植物不同类群的生活史差异	教师：课堂讲解、实物展示。 学生：实物观察、小组讨论、总结分析、拓展阅读
第八章　种子植物的个体发育（营养生长和生殖生长）	花、果实、种子 花药的发育和雄配子体（花粉粒）的形成，胚珠的发育和雌配子体（胚囊）的形成；双受精	掌握种子生殖器官的结构； 理清种子植物大小孢子、雌雄配子体和雌雄配子的区别与联系； 掌握双受精的概念	同上
第九章　被子植物的形态特征和分类	多次生殖、一次生殖 雌雄同株、异株、杂性同株 单性花、两性花、孤雌生殖 自交、异交、自交不亲和	掌握被子植物生活史的特点； 明确被子植物生活史与裸子植物生活史的区别与联系； 认识被子植物生活史的进化和生态适应	同上
第十章　植物系统演化、系统发育概论	生活史的进化和植物系统演化的关系；不同植物类群生活史相关概念的比较；不同植物类群生活史的差异与联系贯通	纵向比较不同类群植物生活史的差异、联系与进化规律； 发现系统演化中植物生殖方式、生殖器官结构、受精方式的进化规律	教师：总结贯通； 学生：总结报告，概念辨析、生活史框架图绘制、列表比较、文献拓展

注：章节顺序根据周云龙等《植物生物学》（第3版）调整，应用时可根据实际需要进行改动。

《如何融会贯通掌握植物生活史》获评 2016～2017 年度《高校生物学教学研究（电子版）》优秀论文。

证　书

张淑萍等发表的题为《如何融会贯通掌握植物生活史》的论文，被评为《高校生物学教学研究(电子版)》2016—2017年度优秀论文。

特颁此证！

《高校生物学教学研究（电子版）》编委会

二〇一七年十一月

附录九　论文：群落演替与生态修复虚拟仿真综合实验教学系统建设

高校生物学教学研究（电子版）2019年8月，9（4）：13-16
ISSN 2095-1574　CN 11-9307/R　bioteach.hep.com.cn
DOI 10.3868/j.issn 2095-1574.2019.04.003

专题

群落演替与生态修复虚拟仿真综合实验教学系统建设

于晓娜，郭卫华（✉），王仁卿，杜宁，张淑萍，贺同利
山东大学生命科学学院，青岛，266237

摘　要： 虚拟仿真实验教学是高等教育信息化建设和实验教学示范中心建设的重要内容，是学科专业与信息技术深度融合的产物。学院基于植物、动物、微生物、生态学专业方向特色及人才培养方案，依托学科发展优势和科研平台，构建了群落演替与生态修复虚拟仿真实验教学系统，虚拟实验内容由标本采集与制作、微生物数量统计与分析、植物群落调查、湿地生态系统修复4个模块组成。本文对教学应用和教学效果进行了探讨，以期有助于更有效地利用虚拟仿真实验教学项目，真正做到为理论教学提供虚拟素材，为实践教学提供辅助手段。

关键词： 虚拟仿真，群落演替，生态修复，实验教学，生态学

Construction of Virtual Simulation Experimental Teaching System for Community Succession and Ecological Restoration

YU Xiao-na，GUO Wei-hua（✉），WANG Ren-qing，DU Ning，ZHANG Shu-ping，HE Tong-li
School of Life Sciences，Shandong University，Qingdao266237，China

1　虚拟仿真实验教学建设背景与思路

综合实验是高校生物类相关专业的重要实践教学内容，是本科生培养方案的重要组成部分，是培养学生的科研能力、团队精神和协作意识的重要途径。随着经济的高速发展，国家与社会对复合型、多元化人才的需求日益凸显，推动着高校人才培养模式的转变，“互联网＋教育”成为一种新的教育模式，已逐步渗透到高校教学改革与实践中，推动了信息技术与高校教育的深度融合[1]，促进了新生态教育的形成，教育从封闭走向开放、共享，课堂由单调走向信息化、游戏化，实现了教育资源的重新配置和整合，对教学改革产生了冲击性的影响。

目前生态学实验教学存在综合度不高、信息化水平低、开放度不够等普遍问题，而且某些课堂教学，尤其是概念教学很大程度上脱离了学生的生活经验，学生难以理解，而又难以通过实践学习加以巩固。山东大学注重生态学实验教学，教学团队不断改革创新，推动以学生为中心、以问题为导向的研究型教学方式与学习方式的实验教学改革，注重学生创新能力、实践能力与科研能力的培养，建立实验教学中心信息化平台，改变以教为中心的传统教学模式，为枯燥乏味的理论教学提供虚拟素材，有效克服优质资源的稀缺性，提高资源的使用效益。

黄河三角洲湿地是中国暖温带最年轻、最广阔、

收稿日期：2019-03-19；修回日期：2019-06-08
基金项目：山东大学实验室建设与管理研究项目（sy20181501；sy20182501）；山东省本科高校教学改革研究项目（M2018B347）
通讯作者：郭卫华，E-mail：whguo@sdu.edu.cn

保存最完整的河口新生湿地[2, 3]，是科学研究的重点区域，也是生态学相关专业本科生的重要实习地点，具有群落演替快速、动态变化明显、生态序列完整、海陆变迁活跃、生态环境脆弱等特点[4]，受到河、海、陆的交互作用影响，植被为原生性滨海湿地演替序列，是研究演替与修复最理想的区域，具有典型性、独特性[5]。山东大学基于植物、动物、微生物、生态学专业方向特色及人才培养方案，依托学科发展优势和科研平台，构建了群落演替与生态修复虚拟仿真实验教学系统，在传统综合实验的基础上，增加黄河三角洲生态特征、湿地类型、演替序列与过程、生态修复方法与技术等传统实验难以实施的实验内容，拓宽了本科实验教学的深度和广度，增加实验趣味性，提高学生的积极性[6]，进一步培养学生的创新能力、科研能力等。

2 虚拟仿真实验建设内容

在群落演替与生态修复虚拟仿真实验教学系统中，基于“以虚补实、以虚促实、虚实结合”的虚拟仿真实验教学理念和思路，设计了4个实验模块。分别为标本采集与制作、微生物数量统计与分析、植物群落调查、湿地生态系统修复。

2.1 标本采集与制作模块

生物标本是分类学研究最基本的材料，是生物学理论课程的拓展与延伸，标本采集与制作实验项目能够培养学生实践能力，也是今后从事相关教学和科研工作的基本技能。教学系统中设计了昆虫标本与植物标本两个模块。

学生进入虚拟室内实验室，利用枝剪、标本夹、台纸、捕虫网、烘箱等实验工具，根据实验提示，分别完成昆虫标本制作和植物标本制作，并了解植物分类学、昆虫分类学的理论和方法，重要科、属、种的鉴别特征（图1）。

2.2 微生物数量统计与分析模块

系统设计了土壤微生物数量统计模块（图2），通过对不同演替过程中的不同群落进行取样，获取土壤样品，然后通过实验室操作，使学生认识到在群落演替过程中，伴随着植物的变化之外，土壤微生物也会发生相应变化[7, 8]，从而形成群落演替过程中地上－地下的整体概念。学生需要在场景中获取典型样地中的土壤样品进行微生物数量测定，了解在群落演替过程中土壤微生物种类和数量的变化，

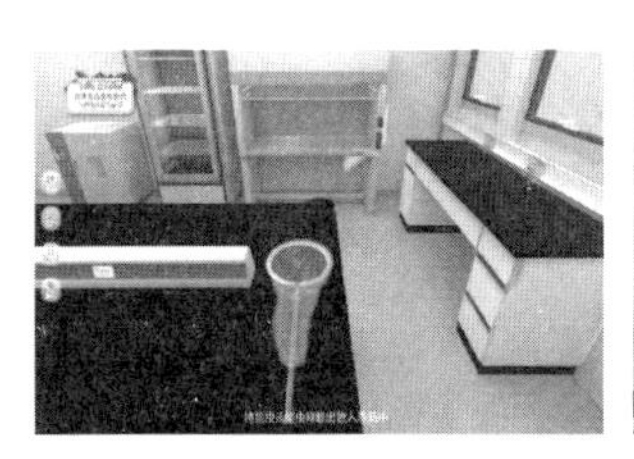
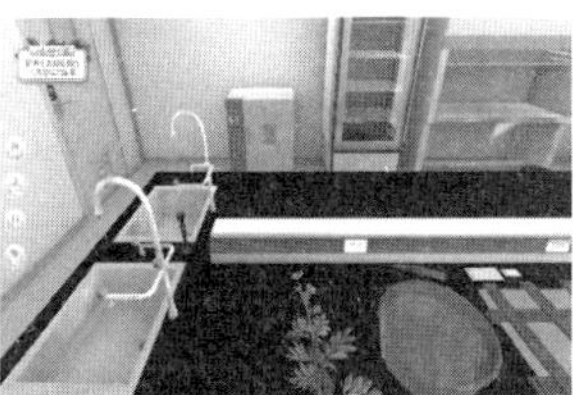

图1 标本采集与制作模块

图2 微生物数量统计与分析

并运用相应的方法对实验结果进行多样性分析。

2.3 植物群落调查模块

黄河三角洲新生湿地的植被演替，是国内不多见的新生、原生演替序列，黄河水直接决定了黄河三角洲地区动植物种类、数量和分布[4]，根据黄河三角洲湿地生物群落演替的普遍规律，设计了三个不同场景，分别为：在黄河丰水期，形成了裸地—盐地碱蓬群落—芦苇群落的演替序列；在平水期，形成了裸地—盐地碱蓬群落—柽柳群落—芦苇群落—芦苇＋白茅群落—小香蒲群落的演替序列；在枯水期，海水倒灌作用下，柽柳、芦苇等无法适应海水水淹环境，出现逆行演替，存在大面积枯枝，逐渐向碱蓬群落甚至裸地退化。

系统随机为学生分配场景（黄河丰水、枯水、平水期），学生进入场景中进行各项指标测定。通过植物群落调查，了解该实验地的物种分布状况，并通过对植物根、茎、叶、花、果等形态特征观察，进行植物检索，生成分类识别结果；同时利用工具对样方进行数据测量，完成植物群落数据统计，形成相应的调查表，了解在滨海湿地群落演替过程中地上部植物的变化过程（图 3）。

2.4 湿地生态系统修复模块

近年来黄河口出现了黄河河道断流、淡水湿地萎缩、土壤盐渍化严重、植被生态功能退化、物种多样性衰减等生态环境问题[9, 10]，系统模拟了枯水、海水倒灌等场景下的逆行演替序列，通过人为干预，对生态系统进行修复。

在群落演替过程中设置了一个枯水与海水倒灌交互作用场景，学生进入场景中，根据提示，实施生态修复。生态修复设计了三个不同的水分条件模式，即最小、最适和理想生态需水量[11]，退化生态系统在生态修复后形成三种不同的生态景观（图 4）。

3 虚拟仿真实验在教学中的应用及效果

3.1 教学方案

群落演替是生态学重要的教学内容，但在时间尺度上跨越较大，需要经历几十年甚至上百年，如此长时间的学生实验无法进行；生态系统修复是一项长期复杂的工程，在实践中学生很难参与到耗资巨大且具有一定危险性的工作中。虚拟仿真实验教学系统使学生在虚拟场景中进行操作，将复杂、耗时长、难度大的实验先通过虚拟仿真实验进行预习、模拟操作，让学生进一步掌握实验中的要点和难点。

我们设计了循序渐进的群落演替与生态修复教学方案，以“生物如何在裸地上一步步定居？”为切入点，通过问题式启发教学，达到激发学生学习兴趣、提高学生学习的主动性和创造性的教学效果。通过对演替概念、演替分类及人为干扰等内容的回

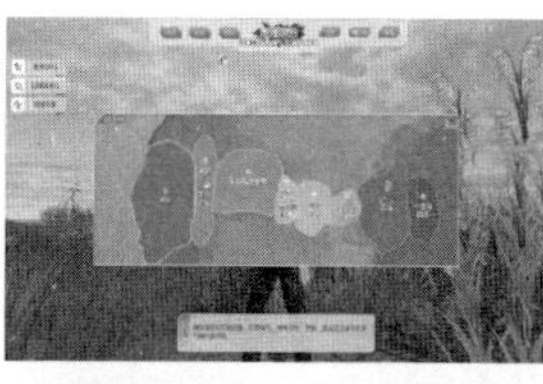
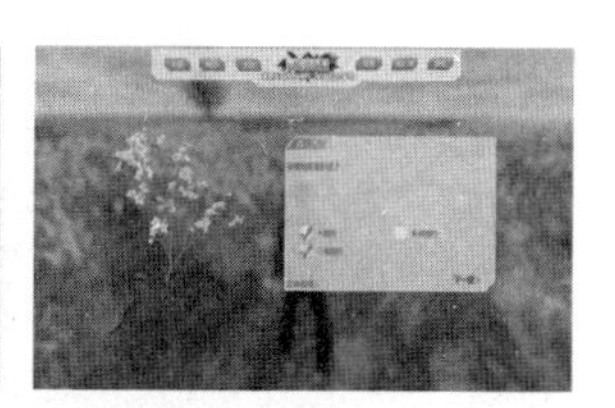

图 3 典型植物群落调查

图 4　退化湿地生态系统的修复

顾，加深学生对基本概念的掌握。通过图片和影像资料，将学习内容切入黄河三角洲，以黄河九曲、黄河改道、河海交汇等内容来加深学生对黄河及黄河三角洲的认识，使陌生抽象的教学内容变得直观具体，增强学生对滨海湿地演替的认识和理解。

3.2　教学效果

按照设计的教学方案，在 5 个班级中进行了实验（收回 95 份调查问卷），效果良好。96.84% 的学生认为虚拟仿真实验对实际实验过程有所帮助，93.68% 的学生认为进行完虚拟仿真实验后，对实验流程有更清晰的掌握，91.58% 的学生认为虚拟仿真教学模式推动了自主学习能力的提高，97.9% 的学生想要继续体验虚拟仿真实训教学系统。虽然虚拟仿真实验能够提高学生对群落演替与生态修复实验的整体认识，能够对实验流程有更好的掌握，但虚拟操作与实际操作毕竟有出入，也有学生反映“实际操作会出现各种各样意料之外的问题，虚拟仿真只是理想情况”，“没有实际操作，可能会遗漏细节”，“与实际操作仍然不同”，“虚拟实验更类似于测试”等问题。完全依赖虚拟平台教学无法满足学生真正掌握实验所要求的全部知识点，无法让学生产生直观的印象，因此我们通过虚实结合来解决这一难题。

为进一步提高学生的动手能力，山东大学在实体实验及野外实习过程中，分别设计动植物分类、生物标本制作、群落特征调查等实验模块，做到虚拟实验与真实实验课堂相互补充，实现虚实结合的目的。山东大学虚拟仿真实验是教育与科技的融合，是教学与科研的渗透，这种“虚实结合、以实补虚、以虚促实”的实践教学模式有助于学生获得系统全面的实验技能训练，建立完整的知识体系，拓宽学生视野，促进学生自主学习、协作学习，增强学生学习能力、思维能力、实践能力和创新能力的培养，大大提升人才培养质量，从而开创虚拟实验和实体实验协同育人的新局面。

参考文献

[1] 郭鑫．“互联网 +”背景下高校信息化教学模式的改革研究［J］．文化创新比较研究，2017，1（27）：80–81.

[2] 丁洪安．山东黄河三角洲国家级自然保护区［J］．湿地科学与管理，2013（3）：2–3.

[3] 骆永明，李远，章海波，等．黄河三角洲土壤及其环境［M］．北京：科学出版社，2017.

[4] 张高生．基于 RS、GIS 技术的现代黄河三角洲植物群落演替数量分析及近 30 年植被动态研究［D］．济南：山东大学，2008.

[5] 韩广轩，王光美，毕晓丽，等．黄河三角洲滨海湿地演变机制与生态修复［M］．北京：科学出版社，2018.

[6] 成丹，崔瑾，鲁燕舞，等．生物学野外实习虚拟仿真实训系统构建与应用［J］．实验技术与管理，2016（12）：128–131.

[7] 张瀛，金建玲，王晓凤，等．黄河三角洲盐生植被演替与土壤细菌群落结构的关系［J］．土壤通报，2015，46（6）：1435–1440.

[8] 余悦．黄河三角洲原生演替中土壤微生物多样性及其与土壤理化性质关系［D］．济南：山东大学，2012.

[9] 王永丽，于君宝，董洪芳，等．黄河三角洲滨海湿地的景观格局空间演变分析［J］．地理科学，2012，32（6）：717–724.

[10] 李丹．基于地学信息图谱的黄河三角洲河道、海岸线演变对景观格局影响研究［D］．烟台：鲁东大学，2018.

[11] 卢岳．土地利用 / 覆被变化下湿地生态需水量研究［D］．济南：山东大学，2012.

（责编　李　融）

《群落演替与生态修复虚拟仿真综合实验教学系统建设》获评 2018～2019 年度《高校生物学教学研究(电子版)》优秀论文。

证　书

于晓娜　等发表的题为《群落演替与生态修复虚拟仿真综合实验教学系统建设》的论文，被评为《高校生物学教学研究（电子版）》2018—2019 年度优秀论文。

特颁此证！

《高校生物学教学研究（电子版）》编辑部

二〇一九年十一月

附录十　趣味生物学实验课程 PPT 精选

1.趣味植物学实验

实验原理

植物组织培养知识概要

➢**植物组织培养（Plant Tissue Culture）：是指通过无菌操作分离植物体的一部分（外植体，explant），接种到培养基上，在人工控制的条件下（包括营养、激素、温度、光照、湿度）进行培养，使其产生完整植株的过程。**

2

实验原理

➢外植体（explant）：从活的植物体上切取下来的以进行培养的那一部分组织或器官，植物体上的任何一部分都有可能成为外植体。

➢植物细胞全能性（Cellular totipotency）：任何具有完整细胞核的植物细胞，都拥有形成一个完整植株所必须的全部遗传信息和发育成完整植株的能力。

3

实验原理

➢愈伤组织（Callus）：原指植物在受伤之后于伤口表面形成的一团薄壁细胞，在组培中则指人工培养基上由外植体长出来的一团无序生长的薄壁细胞。

4

实验原理

➢脱分化（dedifferentiation）：在组织培养中，不分裂的静止细胞，放在一定的培养基上后，细胞重新进入分裂状态。一个成熟的细胞转变为分生状态的过程叫脱分化。

➢再分化（redifferentiation）：一个成熟的植物细胞经历了脱分化后，能再分化而形成完整植株的过程。

5

实验原理

组培意义：

➢1、基础理论研究：广泛用于细胞、组织的代谢生理及其它生化等方面的研究（如分化问题）。

➢2、应用研究：无性快繁、试管苗商品化，遗传育种，种质保存，克服远缘杂交不亲合性，种质资源创新，获得转基因植株。

6

实验原理

组培应用前景：

➢ 1、作物育种上的应用
  1）花药和花粉培养
  2）胚胎培养
  3）细胞融合
  4）基因工程
  5）培养细胞突变体
  6）种质保存
➢ 2、作物脱毒和快繁上的应用（马铃薯，兰花）
➢ 3、在植物有用产物生产上的应用
➢ 4、在遗传、生理、生化和病理研究上的应用

7

实验原理

组织培养的技术要点

植物组织培养基本步骤：

➢1、获得无菌外植体，建立起无菌培养体系
➢2、进行增殖，不断产生不定芽或胚状体
➢3、生根培养
➢4、试管苗移栽

8

实验原理

外植体选择的原则：

➢1、必须含有活细胞
➢2、幼嫩组织所含活跃分裂的细胞比例高
➢3、母株必须健康并且无任何腐烂或生病的迹象
➢4、母株必须活跃生长并且不会立即进入休眠

9

实验原理

外植体的确定：

➢1、茎尖：园艺植物组织培养中应用最多，繁殖率高，不易发生遗传变异，但取材有限
➢2、茎段：采用嫩茎的切段促进腋芽萌发，取材容易
➢3、叶：幼嫩叶片组织通过愈伤组织或不定芽分化产生植株，取材容易，操作方便，但易发生变异
➢4、花球和花蕾
➢5、种子、根、块根、块茎、花瓣等

10

实验原理

消毒方法：

冲洗植物材料除去泥土等 → 浸入70-75%乙醇 → 5-20%NaClO、0.2%的升汞溶液表面消毒5-10min → 无菌水冲洗至少3遍 → 切取外植体，大小5－10mm的茎段和叶片部分

11

实验内容

拟南芥愈伤组织诱导及离体苗再生

12

实验目的

➢1、了解植物组织培养的基本原理。

➢2、学习和掌握植物组织培养的基本技术。

13

实验材料

拟南芥根和下胚轴诱导的愈伤组织

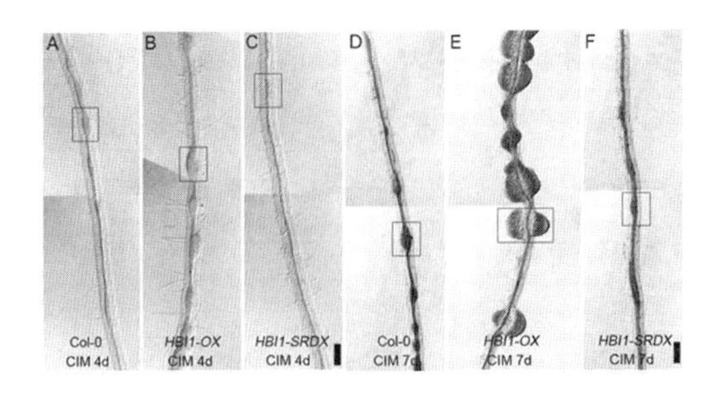

14

实验试剂

- 大量元素母液
- 微量元素母液
- 维生素母液
- 铁盐母液
- 附加有机成分
- 激素
- 蔗糖
- 琼脂

15

实验所用的培养基

离体苗再生三个步骤，第一步：无菌小苗的获得，第二步：CIM培养基上培养4-7d诱导愈伤组织的形成，第三步：SIM培养基上芽诱导。

无菌苗培养基： MS粉末 2.22 g/L + 10 g/L蔗糖 + 7 g/L琼脂粉，pH 5.8。

CIM 培养基：B5粉末，20g/L葡萄糖，B5维生素，0.5 g/L MES（吗啉乙磺酸），0.5 ug/ml 2,4-D，0.05 ug/ml KT，琼脂粉， pH 5.8。

SIM 培养基：MS粉末，10g/L蔗糖，B5维生素，0.5 g/L MES，1 ug/ml 2-ip，0.15 ug/ml IAA，琼脂粉，pH 5.8。

16

实验器材

➢1、实验仪器、超净工作台、电子天平、酸度计、高压灭菌锅、移液器、磁力搅拌器

➢2、实验用品、量筒、烧杯、玻璃棒、培养瓶、镊子、剪刀、解剖针、酒精灯、无菌滤纸、记号笔、平血等

17

实验操作步骤

一、无菌小苗的获得

➢1、在超净工作台内用75%酒精（含0.04% TritonX-100）1次、70%的酒精2次，对拟南芥种子进行表面消毒，每次70 s，然后将种子转移到无菌滤纸上吸去多余酒精，晾干。

➢2、用无菌牙签将种子转移到到无菌苗培养基上，在4℃冰箱处理2-3天。

➢3、放在23±1℃及弱光条件下竖直培养5 d，获得无菌小苗。

18

实验操作步骤

二、愈伤组织的获得

➢1、选取长势良好的小苗，剪取根和下胚轴，均匀地接种于愈伤诱导培养基中。

➢2、放在光强为1200 lx、温度23±1℃的培养箱中，全日照培养4 d，获得愈伤组织。

19

实验操作步骤

三、离体苗分化

➢1、取拟南芥愈伤组织和制好的培养基，放在超净台上，以便取用。

➢2、点燃酒精灯，用70%的乙醇喷洒双手及台面。

➢3、将镊子和解剖针在酒精灯外焰烧烤灭菌，待冷却后，用镊子夹住培养瓶，解剖针取愈伤组织，接种于培养基上（操作时尽量靠近酒精灯火焰）。

➢4、接种完毕，清理台面。

➢5、做标记，用记号笔在在培养瓶管壁上注明姓名和日期。

实验操作步骤

四、记录观察

➢1、一周后观察污染情况，并拍照记录材料生长情况。

➢2、二周后观察，并拍照记录材料生长情况（选做）。

➢3、三至四周后，实验材料诱导成苗，拍照记录。

实验操作步骤

拟南芥根诱导的愈伤组织

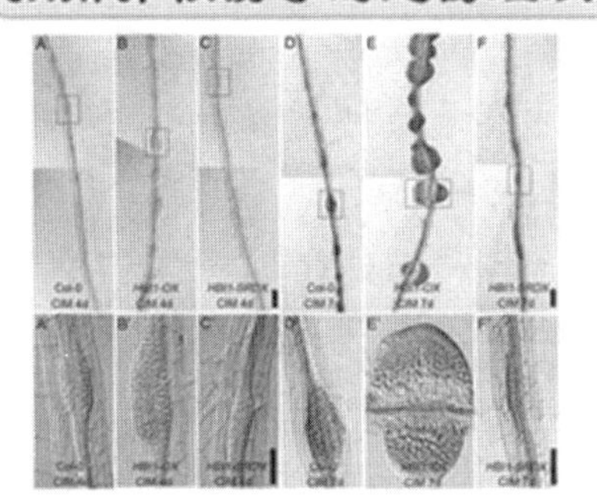

实验操作步骤

实验结果

24

实验结果分析

➢1、对接种操作中污染情况的分析

愈伤组织接种到分化培养基后，常被微生物污染，因此，应适时统计污染率，分析接种操作是否符合无菌要求。

➢2、是否完成了植物组织的再分化

观察实验结果，确定愈伤组织经分化培养后再生出离体小苗，记录出苗时间。

25

2.趣味遗传学实验

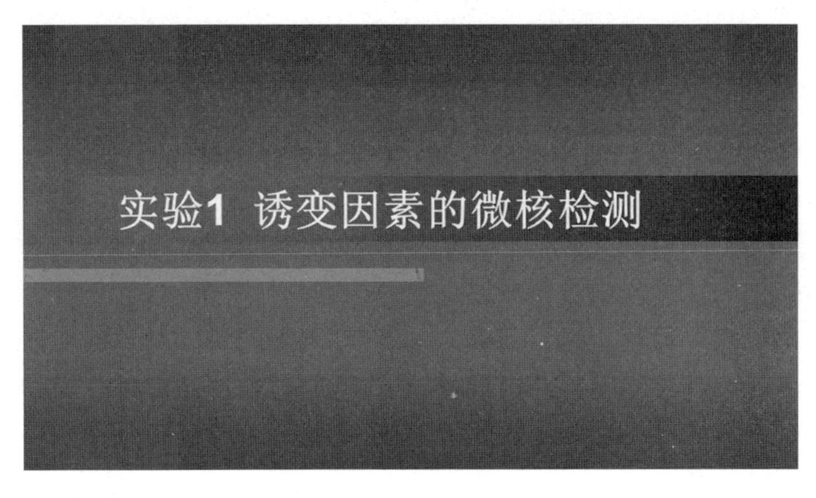

实验目的

了解用微核技术检测诱变因素的原理和方法。

3

实验原理

染色体是遗传物质的载体并含有生物体的遗传信息，染色体异常可引起各种疾病和畸形。

- 如人的21号染色体三体引起先天愚型，
- 5号染色体短臂部分缺失引起猫叫综合征，
- 大多数肿瘤细胞都存在染色体异常。

因此，染色体仅出现微小的异常变化，都可能对生物体的健康产生非常严重的影响。

4

实验原理

这些染色体异常可能是偶然自发的，但环境中的诱变因素会大大提高其发生率。

外在环境中的诱变因素主要分为两类：

- 一类是化学因素，如一些化学物质，
- 一类是物理因素，如放射线，

它们都能引起染色体的异常。

5

实验原理

对某种因素能否诱发染色体异常，最常用的评价方法有两个：

- 一是直接观察染色体异常的染色体中期相分析法，
- 二是微核检测法，

后者更为简便。

6

实验原理

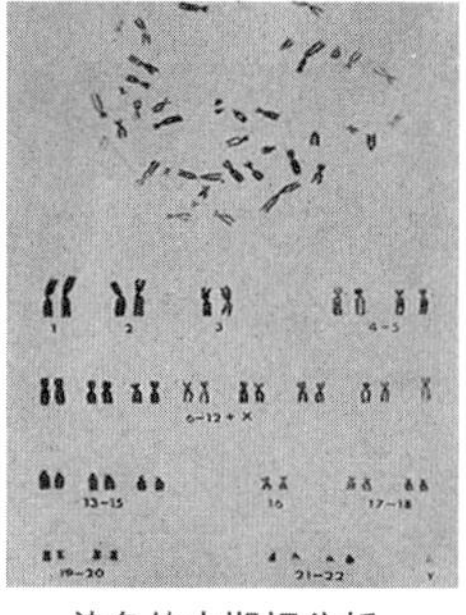

染色体中期相分析：
正常男性：46，XY

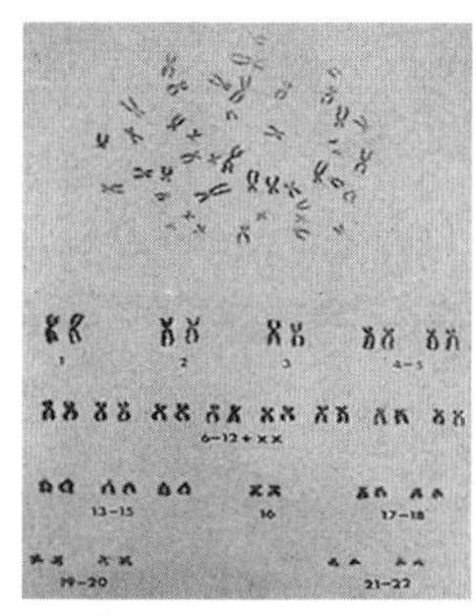

染色体中期相分析：
正常女性：46，XX

7

实验原理

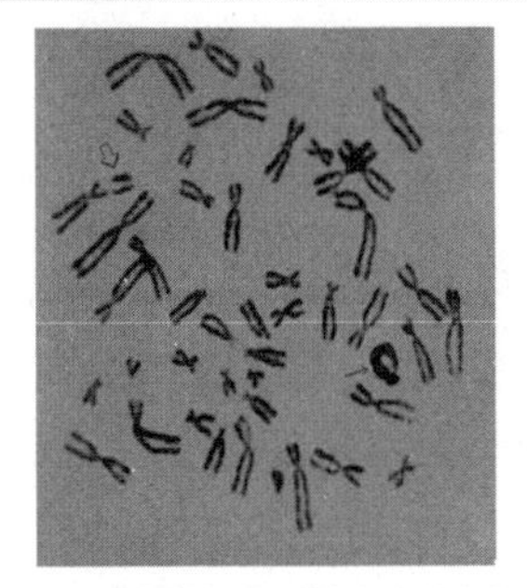
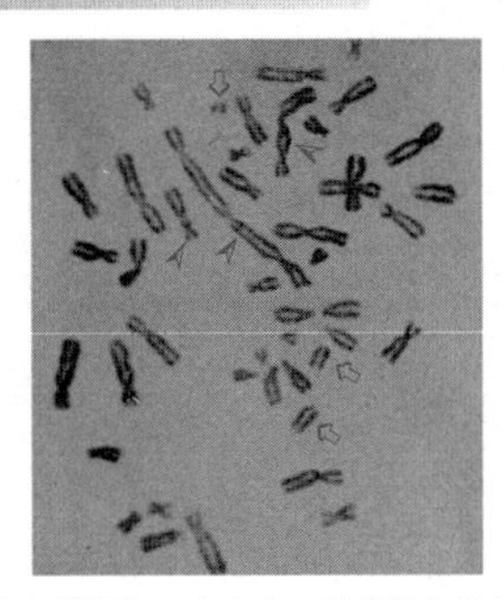

染色体中期相分析：诱变因素造成的染色体损伤。表现为无着丝粒的染色体断片(⇨)、环状染色体(→)、双着丝粒染色体和三着丝粒染色体(➢)等

8

实验原理

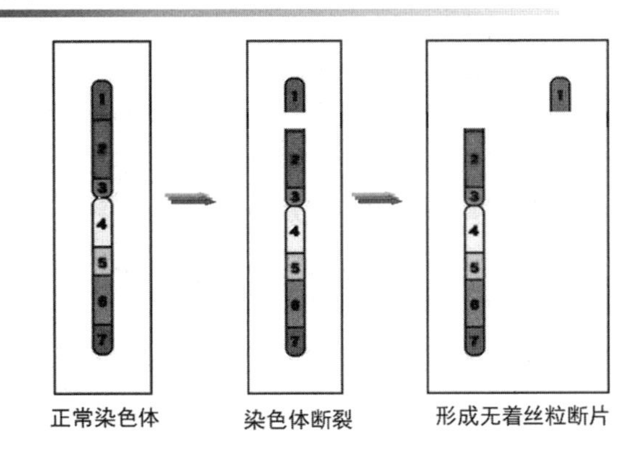

9

实验原理

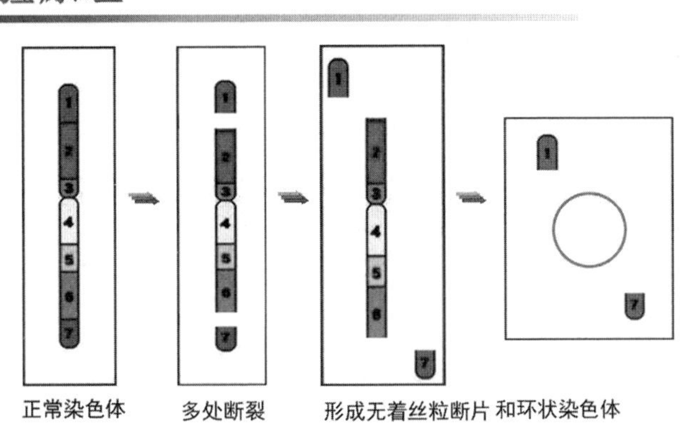

10

实验原理

微核(micronuclei)是真核细胞间期的一种异常结构。微核游离于主核之外，大小是主核的1/3以下，其折光率及染色性质与主核一样。

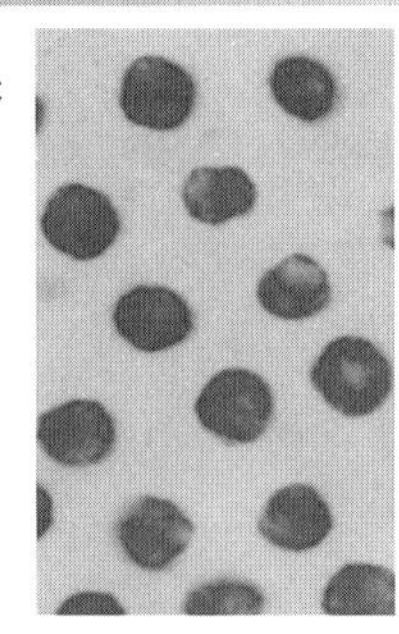

正常细胞的核

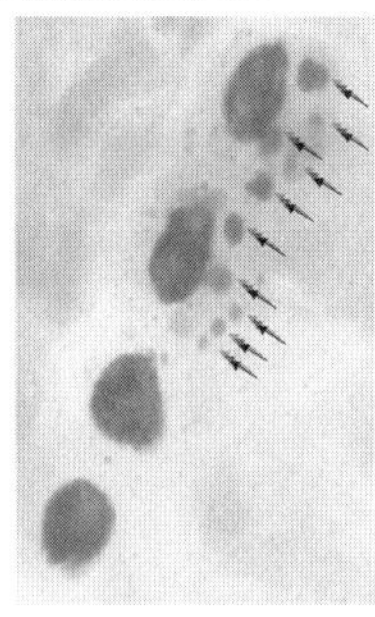

箭头所示为微核

11

实验原理

微核是怎么形成的呢？

微核通常是由无着丝粒的染色体片段所形成。在放射线或化学药物作用下，细胞中的染色体可能发生断裂，并形成无着丝粒的染色体片段。在细胞分裂后期，这些片段因为没有纺锤丝的牵引，不能进入子细胞核，仍留在胞质内，被细胞里的膜物质包裹，而形成一个或多个微核。

有时，一条或几条落后的完整染色体也能形成微核。

12

实验原理

因此微核率反映了染色体异常的发生率，与放射线或用药的的累计剂量呈正相关。

微核率因此可以用来评价放射线或药物等对细胞的遗传学损伤，在医学、食品、药物、环境等的检测方面，都得到了广泛应用。

13

实验原理

最常用的是啮齿类动物骨髓红细胞微核试验。以待检测的物质处理啮齿类动物，然后处死并取骨髓制片，在显微镜下计数细胞中的微核。如果与对照组比较，处理组微核率有统计学意义的增加，并有剂量效应，则可认为该被检测物质是诱变物。

14

实验原理

人外周淋巴细胞微核试验，可用于接触诱变因素的人群监测和危险性评价。

其他旺盛进行有丝分裂的组织，如植物的根尖也可以用于微核试验。

15

实验操作

1. 大蒜培养

将大蒜鳞茎基部浸于培养器皿中的自来水，室温培养约24小时，待根长至1 cm左右时，挑选出长势良好且大致相同的大蒜，随机分配到3个培养器皿中并编号。

市售大蒜　　剥皮　　水培发根

16

实验操作

2. 处理

1号对照组用自来水培养，2-3号处理组分别用10、40 mmol/L 叠氮钠（NaN_3）溶液处理12小时。将大蒜用清水洗涤后在自来水中恢复培养约8 h。

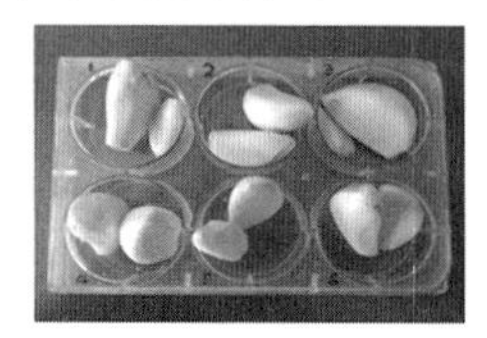

长根后用不同浓度NaN_3处理约24h，洗净，再水培约8h

17

实验操作

3. 固定

切下根用新配制的卡诺固定液室温固定约24小时，换入70%酒精中1小时，再换入70%酒精中，放置于4° C冰箱保存。

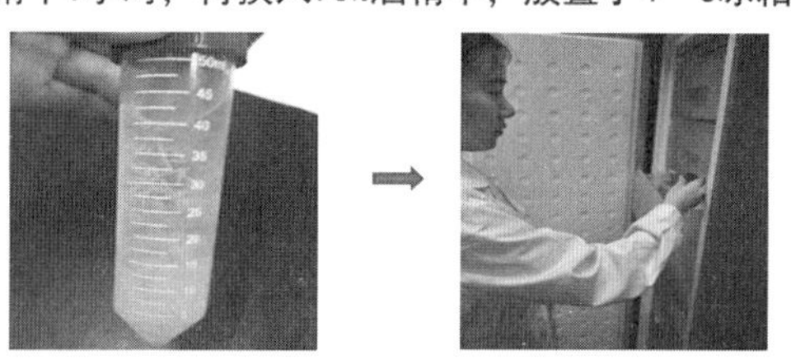

切下大蒜根固定，保存于70%酒精　　放4°C冰箱保存

18

实验操作

4. 解离

取大蒜根，放入试管，加适量1 mol/L盐酸浸没之，60℃水浴5分钟，使根尖软化、解离。然后用自来水洗涤3遍。

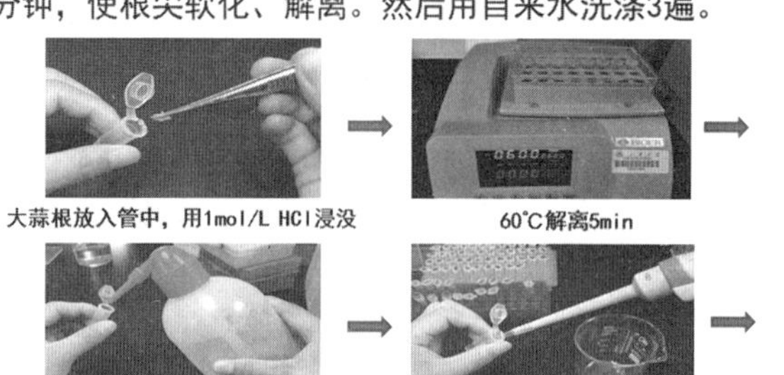

大蒜根放入管中，用1mol/L HCl浸没　　60°C解离5min

弃去盐酸，加水清洗大蒜根　　共水洗3次

19

实验操作

5. 染色

将大蒜根置载玻片上，用刀片切取2-3 mm根尖，滴加改良苯酚品红染液浸没，将根尖切成小块。室温下染色15分钟。

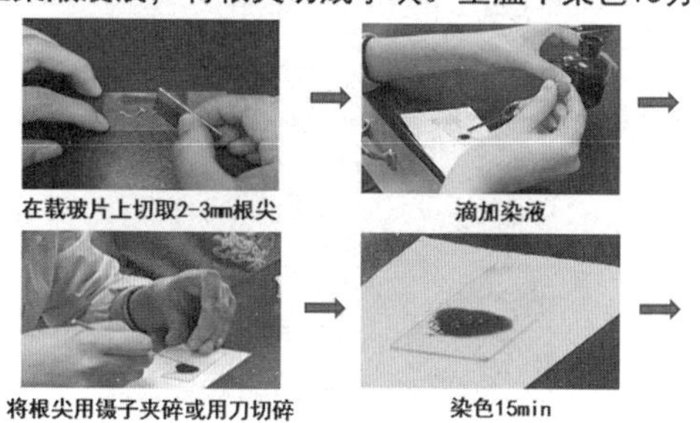

在载玻片上切取2-3mm根尖 → 滴加染液 → 将根尖用镊子夹碎或用刀切碎 → 染色15min →

20

实验操作

6. 压片

盖上盖玻片，上覆整齐叠好的吸水纸，平放在桌上，用大拇指用力向下压片几次，以使根尖细胞得到良好的铺展。

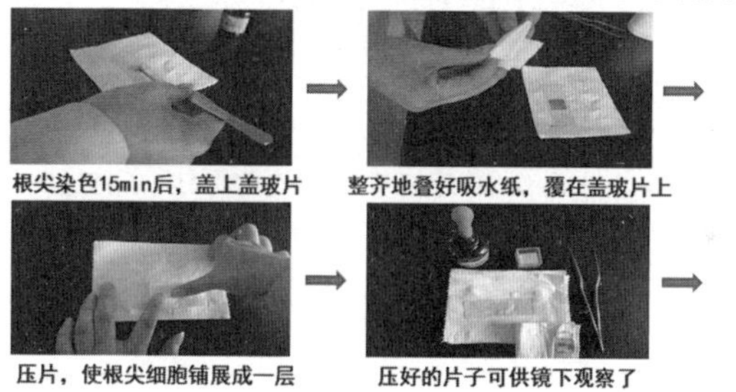

根尖染色15min后，盖上盖玻片 → 整齐地叠好吸水纸，覆在盖玻片上 → 压片，使根尖细胞铺展成一层 → 压好的片子可供镜下观察了 →

21

实验操作

7. 镜检

将制好的片子置显微镜下，从低倍镜到高倍镜依次转换，用高倍镜观察微核，比较对照组和各浓度叠氮钠处理组的微核率。

22

实验结果

正常对照：大蒜根尖细胞，核被染成紫红色。低倍物镜，X100

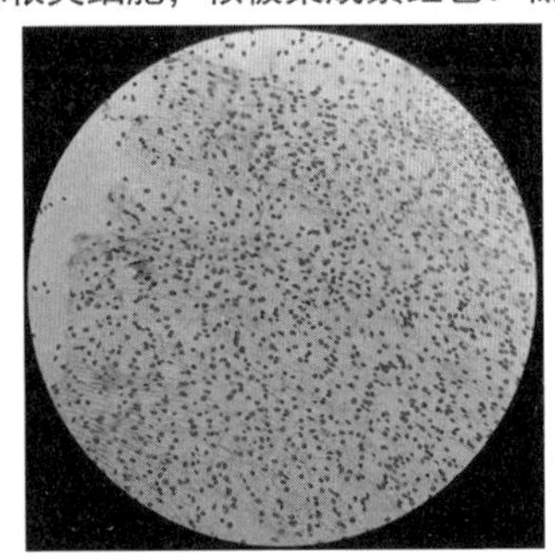

23

实验结果

正常对照：大蒜根尖细胞，核被染成紫红色。高倍物镜， X400

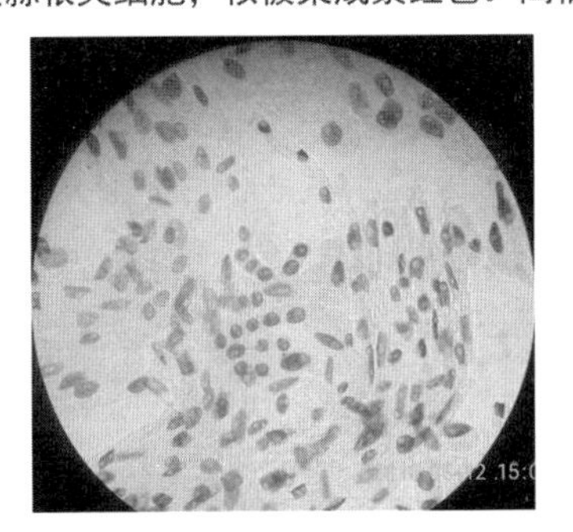

24

实验结果

正常对照：大蒜根尖细胞，核清晰完整。

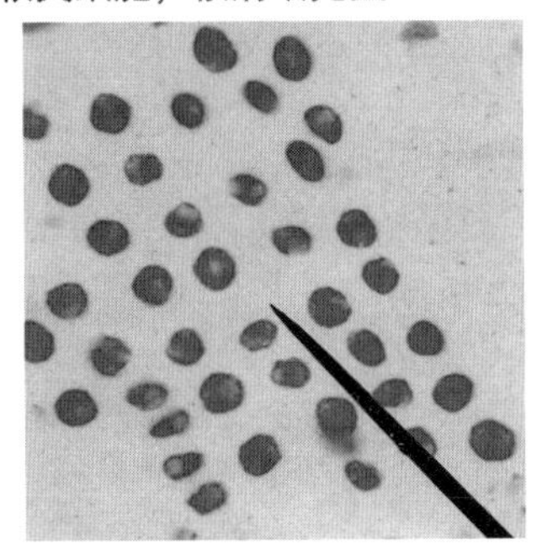

25

实验结果

正常对照：大蒜根尖细胞，有些细胞正在分裂。

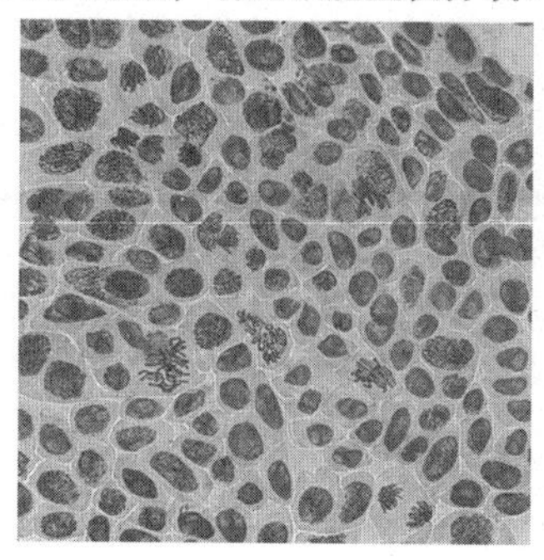

26

实验结果

低浓度叠氮钠处理的大蒜根尖细胞出现少量的微核。

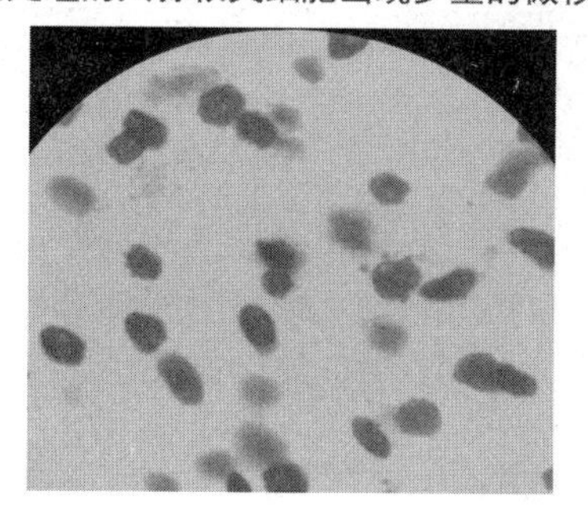

27

实验结果

高浓度叠氮钠处理的大蒜根尖细胞出现大量的微核。

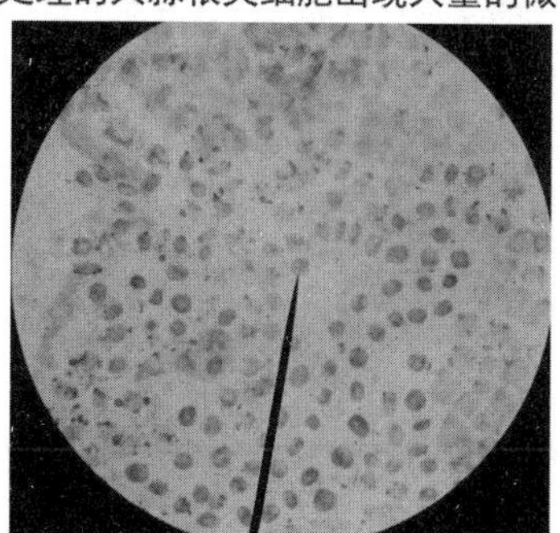

28

实验结果

高浓度叠氮钠处理的大蒜根尖细胞，视野中几乎每个细胞都有微核。

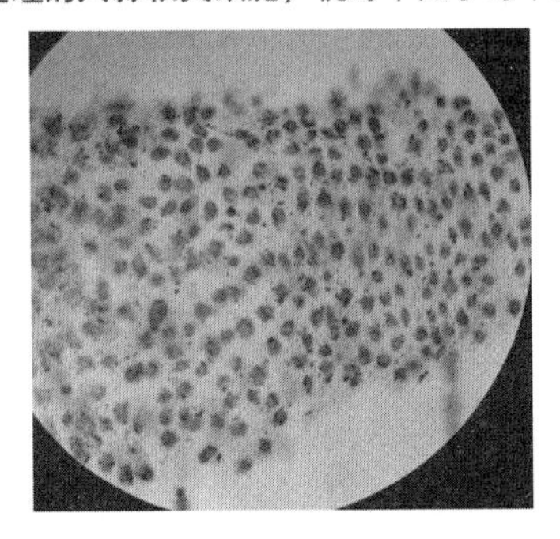

29

实验结果

高浓度叠氮钠处理的大蒜根尖细胞，细胞里的微核有多有少。

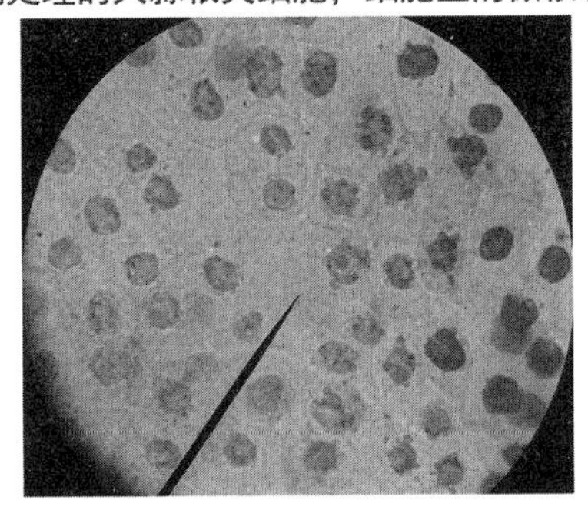

30

实验结果

高浓度叠氮钠处理的大蒜根尖细胞，有很多个微核。

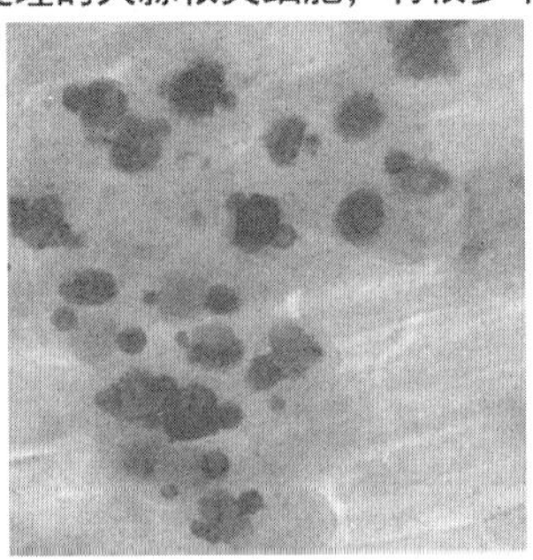

31

实验结果

高浓度叠氮钠处理的大蒜根尖细胞，细胞中有如此多个微核！

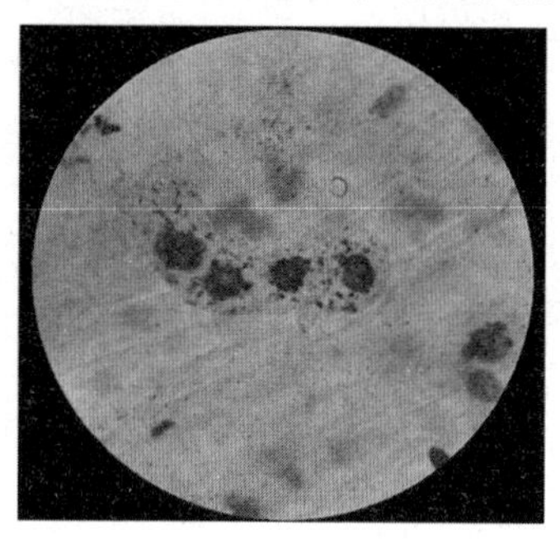

32

实验结果-------有微核的大蒜后来怎样了呢？

在不同浓度NaN_3溶液中处理根12h后，将大蒜种植于土壤，半个月后可以看到，随NaN_3浓度增加，大蒜生长变差。显示由微核率增加所反映的遗传物质损伤对大蒜产生了持久的负面影响。

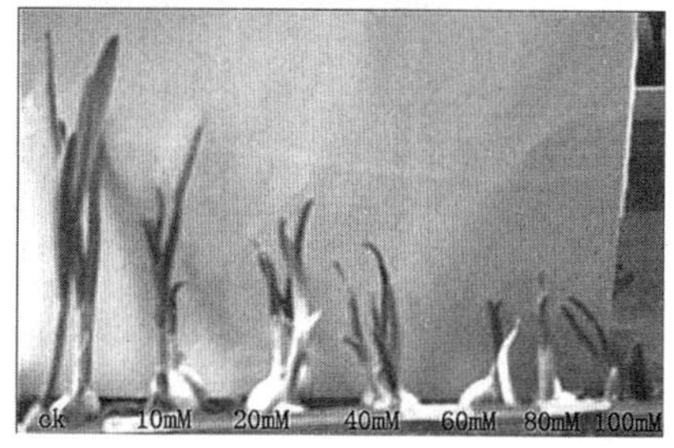

33

实验结果

- 1. 画出1个你观察到的有微核的根尖细胞。
- 2. 对照组和低、高浓度叠氮钠处理组微核率有什么不同？
- 3. 实验心得：本次实验观察到有毒物质处理后细胞产生微核，你觉得这些生物学知识对你的生活有用吗？请简单说说你的体会。

34

附录十一 “群落演替与生态修复虚拟仿真实验教学系统建设与应用”PPT 精选

群落演替与生态修复虚拟仿真实验教学系统建设与应用

郭卫华
生命科学学院

2019年5月

主 要 内 容

- 项目建设的背景意义
- 虚拟仿真综合实验教学系统建设

- 未来展望

- 结语及思考

一、项目建设的背景意义

教育部政策

- 国家虚拟仿真实验教学项目是示范性虚拟仿真实验教学项目建设工作的深化和拓展，坚持立德树人，强化以能力为先的人才培养理念，坚持"学生中心、产出导向、持续改进"的原则，突出应用驱动、资源共享，将实验教学信息化作为高等教育系统性变革的内生变量，以高质量实验教学助推高等教育教学质量变轨超车，助力高等教育强国建设。
- 按照先建设应用、后评价认定、持续监测评估的方式，按建设规划分年度认定国家虚拟仿真实验教学项目。优先支持向中西部高校、特别是西部高校优先定向在线开放的虚拟仿真实验教学项目。

建设年份	项目分类
2019年（300个）	物理学类（10）、化学类（10）、电气类（10）、土木类（10）、矿业类（10）、航空航天类（5）、兵器类（10）、农业工程类（10）、林业工程类（10）、建筑类（10）、植物类（15）、动物类（15）、自然保护与环境生态类（10）、医学基础类（20）、公共卫生与预防医学类（5）、中医类（10）、法医学类（5）、医学技术类（5）、经济管理类（40）、体育学类（10）、文学类（含新闻传播类）（20）、历史学类（10）、艺术学类（25）
2020年（350个）	物理学类（10）、天文学类（10）、地理科学类（10）、大气科学类（10）、海洋科学类（10）、地球物理学类（10）、地质学类（10）、力学类（10）、仪器类（10）、材料类（10）、电气类（10）、电子信息类（10）、自动化类（10）、计算机类（15）、水利类（15）、纺织类（10）、轻工类（10）、海洋工程类（10）、生物医学工程类（10）、安全科学与工程类（10）、生物工程类（10）、公安技术类（10）、经济管理类（40）、法学类（10）、文学类（含新闻传播类）（20）、艺术学类（25）

一、 项目建设的背景意义

山东省政策

- 山东省高等学校虚拟仿真实验教学中心建设工作坚持"科学规划、资源共享、应用驱动、注重实效、持续发展"的**原则**，以提高学生创新精神和实践能力为**宗旨**，以开放共享的虚拟仿真实验教学平台建设为**基础**，以优质的虚拟仿真资源建设为**重点**，以虚实结合多样化的实验教学方式方法改革为**突破口**，持续推进实验教学改革与发展，不断提高实验教学水平和人才培养质量。
- 根据全省高校学科专业布局、实验教学建设现状和发展需求，到2020年建成一批具有示范引领和学科专业特色的省虚拟仿真实验教学中心，总结一批可复制、易推广、可操作性强的建设发展经验与做法。

二、虚拟仿真实验教学系统建设

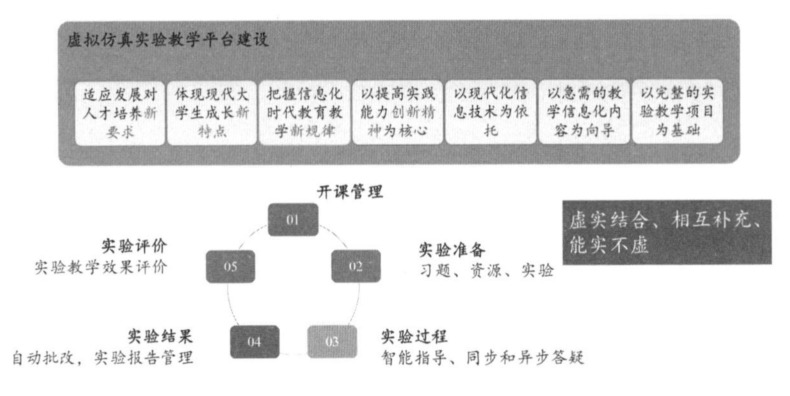

二、虚拟仿真实验教学系统建设

项目来源

真实实验难以完成的教学项目

- 涉及高危或极端的环境、不可及或不可逆的操作、高成本、高消耗、大型或综合训练等；
- 鼓励自主创新和拥有自有知识产权的资源；

国家虚拟仿真项目	所属类别
滨海动物野外实习虚拟仿真	不可及、高成本、综合训练
黄河三角洲湿地生态系统演替与修复实验	不可及或不可逆、高成本、大型或综合训练
病毒感染与检测虚拟仿真综合实验	高危
基于航空UAV虚拟/增强现实平台的飞行进场黑洞错觉虚拟仿真实验教学项目	高危或极端环境、不可及、高成本、高消耗
反坦克武器装备机电系统虚拟仿真综合实验	高危或极端环境、不可及、高成本、高消耗、大型或综合

二、虚拟仿真实验教学系统建设

黄河三角洲湿地生态系统演替与修复综合实验

- 黄河三角洲湿地是世界上暖温带最年轻、保存最完整、面积最大的河口新生湿地生态系统，具有演替快速、生态序列完整、海陆变迁活跃、生态环境脆弱等特点，具有典型性和独特性，是研究演替与修复的理想区域。

河海交汇

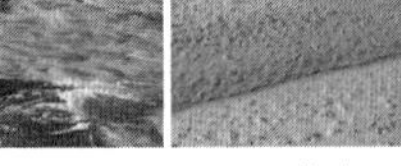
裸地

红地毯-盐地碱蓬群落

芦苇群落

二、虚拟仿真实验教学系统建设

- 群落演替与生态修复是生物学研究的重要内容，也是生态保护与生态建设的理论基础，但演替通常时间漫长，修复耗资巨大，学生难以开展实验。
- 开展演替与修复综合实验，可以很好地解决时间与空间上的困难，利于学生对演替与修复的认识理解，系统掌握生物学知识与技能，提高创新能力；同时可为黄河三角洲高效生态经济区的生态文明建设服务。

黄河入海口新淤地

黄河入海口盐地碱蓬

柽柳群落

芦苇群落

二、虚拟仿真实验教学系统建设

黄河三角洲湿地生态系统演替与修复综合实验

- 湿地生态修复工程是群落发生逆向演替所进行的人为干预，一般都是耗资巨大的复杂工程，学生在日常的学习中仅能通过资料来接触湿地修复工程，无法实际操作；

柽柳退化湿地

芦苇退化湿地

筑坝修堤

生态修复工程

二、虚拟仿真实验教学系统建设

黄河三角洲湿地生态系统演替与修复综合实验　　实验目的

- 突破时间、空间限制，为实践教学提供辅助功能
  “以实补虚，虚实结合”，可以突破时间、空间限制，将野外耗费几天的实验，集中在2个学时中完成，实现随时随地学习、自主学习。
- 打破课堂、实践壁垒，为理论教学提供虚拟素材
  项目充分利用信息化技术，将课堂上晦涩难懂的概念、难以一次性观察到的现象与野外实际或生产实践相结合，以虚补实。
- 缓解科研、教学冲突，拓展实验教学深度和广度
  黄河三角洲湿地受到河、海、陆的交互作用影响，植被为原生滨海湿地演替序列，是研究演替与修复最理想的区域，具有典型性、独特性。在传统综合实践的基础上，趣味性，提高学生积极性，培养学生创新能力、科研能力等。

二、虚拟仿真实验教学系统建设

虚拟实验材料

- 常见动植物虚拟材料

黄河三角洲以其独特的生态环境和丰富的生物资源，形成了良好的野生动植物景观，分布有特色湿地植物及盐生植物，是东北亚内陆和环太平洋鸟类迁徙的中转站，在项目中构建了黄河三角洲实验场所，建立常见动植物3D数据库，包括黄河三角洲常见湿地植物、盐生植物40余种精细3D模型，常见动物图册50余种，其中有10余种精细3D模型。

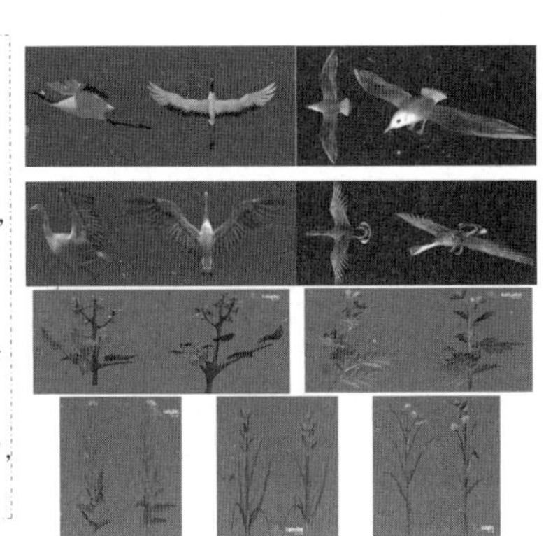

二、虚拟仿真实验教学系统建设

虚拟实验材料

- 演替序列

根据黄河三角洲湿地生物群落演替的普遍规律，设计了三个不同场景，分别为：

（1）在黄河丰水情况下，形成了裸地——盐地碱蓬群落——芦苇群落的演替序列；

（2）在平水情况下，形成了裸地——盐地碱蓬群落——柽柳群落——芦苇群落——芦苇+白茅群落——小香蒲群落的演替序列；

（3）在枯水与海水倒灌交互作用下，柽柳、芦苇等无法适应海水水淹环境，出现逆行演替，出现大面积枯枝，逐渐向碱蓬群落、甚至裸地演替。

二、虚拟仿真实验教学系统建设

虚拟实验材料

- 土壤微生物测定

根据不同演替阶段，设计了土壤微生物数量统计模块，使学生认识到在群落演替过程中，伴随着植物群落的变化之外，土壤微生物也会发生响应变化。

- 生态修复虚拟材料

项目设计了逆行演替场景，通过不同的调水规模，研究修复前后群落演替的变化情况。

二、虚拟仿真实验教学系统建设

实体实验材料

项目中的标本制作（植物、昆虫）和土壤微生物测定，除了虚拟仿真操作之外，还要求学生以校园为实验场所，进行实体实验操作，涉及到的实验材料如下：

- 标本制作

  植物、昆虫、枝剪、标本夹、吸水纸、台纸、毒瓶、镊子、昆虫针、采集标签、三级台、展翅板等；
- 土壤微生物测定

  土壤样品、超纯水、培养基、培养皿等。

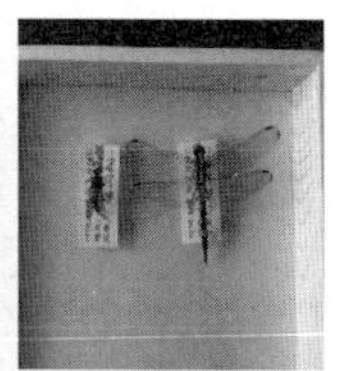

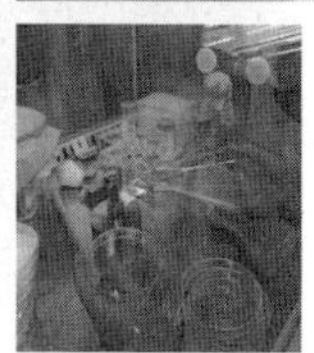

二、虚拟仿真实验教学系统建设

二、虚拟仿真实验教学系统建设

二、虚拟仿真实验教学系统建设　　实验结果与结论要求

1.通过航拍视频、虚拟仿真软件，了解实验地的生境特征、湿地生态类型及演替序列；

2.通过虚拟仿真软件中的模拟调查方法进行群落调查，并通过数据采集、标本采集与制作等直观认识群落演替的动态变化过程；

3.在虚拟场景中采集不同演替阶段的土壤样品，进行微生物观测及数量统计，了解土壤微生物群落的动态过程；

4.通过在逆行演替场景中，利用生态修复手段对退化生态系统进行修复，直观了解演替理论在生态系统修复过程中的应用；

5.通过对鸟类图集的学习，认识到黄河三角洲湿地在鸟类迁徙及越冬栖息和繁殖方面的重要地位；

6.利用土壤微生物的16S测定结果及演替过程中植物与土壤的变化过程设置开放性研究课题，一方面让学生更全面更清楚得认识群落演替，另一方面锻炼学生的创新能力、科研能力。

二、虚拟仿真实验教学系统建设　　考核要求

考核项目	考核内容	考核场所	考核时间	考核方式	权重
课前预习	1.通过航拍视频、虚拟仿真软件，了解实验地的生境特征及物种状况； 2.通过相关资料查询，了解黄河三角洲地区湿地生态类型及演替序列。	实验室及虚拟平台系统	实验前一周内	系统自动生成试卷，并完成评分	10%
虚拟仿真实验操作	1.通过虚拟仿真软件完成标本采集与制作、群落调查、微生物群落分析的实验操作，并了解生态修复相关内容。 2.完成系统设置的预设问题和练习题。	虚拟平台系统	整个虚拟实验过程	学生提交操作，系统自动完成评分	低难度：60% 中难度：40% 高难度：30%
实体实验操作	1.要求学生高质量完成标本，达到教学或科研水平。 2.要求学生以校园为样地，获取土壤样品并完成微生物数量测定。	实验室	虚拟实验结束后	实验指导教师根据实际操作情况进行评分，低难度学生不做要求	低难度：0 中难度：20% 高难度：30%
实验报告或心得体会	1.低难度要求的学生提交心得体会。 2.中高难度要求的学生撰写实验报告	课堂	整个教学实验结束前一天	实验指导教师进行评分	低难度：30% 中难度：30% 高难度：30%
开放性课题研究	可以小组形式选做开放性课题，可自行选题，也可选择以下内容开展： 1.根据系统中的土壤微生物16S测定结果，分析群落演替过程中土壤微生物的多样性变化过程； 2.根据演替过程中的植被及微生物变化，探讨地上-地下部的协同变化。	课后	实验结束一周内	实验指导教师进行评分	该部分内容为加分内容，实验指导教师可酌情加分，但实验总分不得超过100分

二、虚拟仿真实验教学系统建设　　实验教学项目特色

实验方案设计思路：

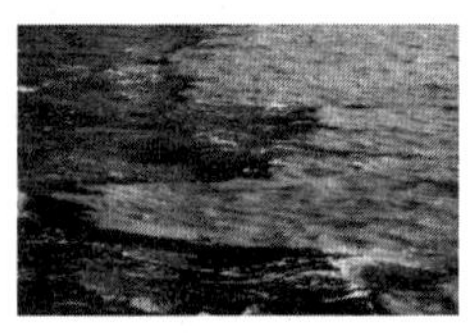

- 黄河三角洲湿地是世界上暖温带保存最广阔、最完善、最年轻的湿地生态系统，有着较为完整的群落演替序列，山东大学自20世纪80年代开始就开展了针对黄河三角洲的研究工作；
- 植物群落演替是生物学上比较重要的内容，但在时间尺度上跨越较大，长时间的缓慢变化过程学生是不可能在一次实践过程中观察到的，以学生的知识储备也难以通过照片想象其中的动态变化；
- 湿地生态修复工程是群落发生逆向演替所进行的人为干预，一般都是耗资巨大的复杂工程，学生在日常的学习中仅能通过资料来接触湿地修复工程，无法实际操作。

二、虚拟仿真实验教学系统建设

教学方式方法

本项目采用“以虚补实、以虚促实、虚实结合”的教学模式，有助于学生进行全面系统的实验技能培训，并建立完整的知识体系。针对不同的使用人群，配套有不同的实验内容及考核模式，并分为低难度、中难度和高难度三种不同的难度等级，虚拟仿真平台支持在线互动交流答疑，通过开展问题式、探究式和讨论式的学习方式，以丰富课堂内容，并为学生提供开放式研究课题以供选择，增加趣味性和科研性。

评价体系

项目的评价体系由虚拟仿真操作实验、实体实验操作、实验报告等部分构成，进行总成绩评定；系统根据预设的实验步骤和标准进行评定，指导教师会根据实体实验操作、实验报告等相关内容进行评定，将虚拟仿真实验与传统实验有机结合，同时鼓励学生进行创新能力和科研能力的培养。

三、未来展望

持续建设服务计划

1. 面向高校的教学推广应用计划

山东省的黄河三角洲湿地，与海相接，景观独特，具有国际意义。目前本项目已与青海大学、兰州大学、内蒙古大学、济南大学等签订共享协议，在今后五年中，项目将进一步面向黄河流域的高校推广应用。

2. 持续建设与更新

（1）今后五年中，项目将拓展设计演替与修复的范围和生态序列，覆盖更多的演替序列与生态修复，如人工演替、自然演替，草地修复、山地修复、农田修复等不同的演替与修复类型，让学生直观了解人类干预在生态系统演替过程中所起作用。

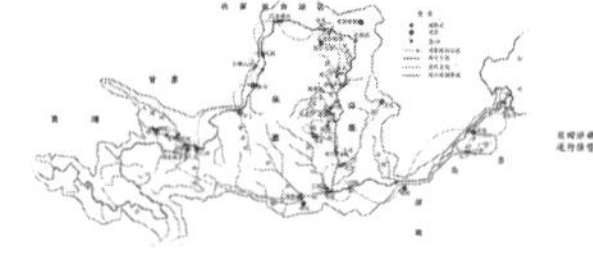

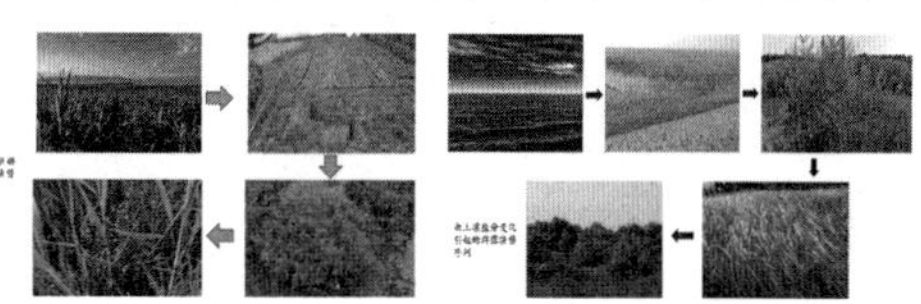

三、未来展望

持续建设服务计划

3. 持续建设与更新

（2）移动学习作为一种非正式学习方式，是传统教学方式的一种重要补充，使碎片化、开放化教学方式成为可能，项目在后续开发中将着力推动手机客户端应用，使学习资源得到更高效应用，实现学生随时随地学习。

4. 面向社会的推广与持续服务计划

今后五年中，项目将面向中学生以及自然保护区、国家湿地公园等相关单位提供科普展示，1）利用每年暑假夏令营、科学营、奥赛等活动，对中学生进行科普展示；2）项目将向相关单位提供科普服务和科普展示，弘扬生态保护意识，服务生态文明建设。

四、结语及思考

1. 教育部推动虚拟仿真实验教学项目建设，采用开放模式、以信息化技术为标志，为实验教学注入新内容，实现真实实验不具备或难以完成的教学功能；
2. 山东大学先后组织了国家虚拟仿真实验教学项目是申报、交流和校内推荐评审工作，并组织专家对项目进行指导，山东省教育厅也对学校国家虚拟仿真项目提供了大力支持；
3. 学院整合各类优质教育教学资源，成立项目小组，时时沟通项目进展；
4. 通过网络平台，实现校内外、本地区及更广范围内的实验资源共享，并与20多家兄弟院校签订共享协议；
5. 第四届全国生物和食品类虚拟仿真实验教学资源建设研讨会，为项目的顺利实施提供了助力。

主要参考资料

[1]吴敏. 生命科学导论实验[M]. 高等教育出版社,2013.

[2]郭卫华,刘红. 趣味生物学实验数字课程[M]. 高等教育出版社/高等教育电子音像出版社,2017.

[3]侯义龙. 通识课程"生命科学趣味实验"课程体系的构建与实践[J]. 高校生物学教学研究(电子版),2015,5(2):49-51.

[4]成丹,崔瑾,鲁燕舞,等. 生物学野外实习虚拟仿真实训系统构建与应用[J]. 实验技术与管理,2016,12:128-131.

[5]张淑萍,孟振农,郭卫华,等. 如何融会贯通掌握植物生活史[J]. 高校生物学教学研究(电子版),2017,7(2):44-48.

[6] 于晓娜,郭卫华,王仁卿,等. 群落演替与生态修复虚拟仿真综合实验教学系统建设[J]. 高校生物学教学研究(电子版),2019,9(4):13-16.

[7]邢华. 山东大学生命科学学院:"抢手"的趣味生物课[J]. 党员干部之友,2017,5:28.

[8]教育部关于加强高等学校在线开放课程建设应用与管理的意见[EB/OL],(2015-04-13),http://old. moe. gov. cn/publicfiles/business/htmlfiles/moe/s7056/201504/186490.html.

[9]教育部关于加快建设高水平本科教育 全面提高人才培养能力的意见[EB/OL],(2018-10-08),http://www. moe. gov. cn/srcsite/A08/s7056/201810/t20181017_351887.html.

[10]中国教育现代化 2035[EB/OL],(2019-02-23),http://www.moe.gov.cn/jyb_xwfb/s6052/moe_838/201902/t20190223_370857.html.

[11]加快推进教育现代化实施方案(2018~2022 年)[EB/OL],(2019-02-23),http://www.gov.cn/xinwen/2019-02/23/content_5367988.htm.

[12]教授和学生一起玩转科学[EB/OL],(2017-03-23),http://jnrb.e23.

cn/shtml/jinrb/20170323/1639817.shtml.

[13]边玩边学，趣味实验课程"抢手货"——山大生物实验课贴近生活受热捧，博导和教授手把手现场教[EB/OL]，(2017-04-01)，http://epaper.qlwb.com.cn/qlwb/content/20170401/ArticelB02002FM.htm

[14]体验、互动、探究，解锁最受学生欢迎的生物学通识课程[EB/OL]，(2020-07-07)，https://www.view.sdu.edu.cn/info/1023/137534.htm.

[15] 山大四项目入选国家虚拟仿真实验教学项目[EB/OL]，(2019-03-27)，https://www.view.sdu.edu.cn/info/1003/115683.htm.

[16]《黄河三角洲湿地生态系统演替与修复实验》入选教育部2018年度虚拟仿真实验教学项目[EB/OL]，(2019-03-29)，https://www.qdxq.sdu.edu.cn/info/1059/11428.htm.

[17] 山东大学主办全国生物和食品类虚拟仿真实验教学资源建设研讨会[EB/OL]，(2019-05-20)，https://www. view. sdu. edu. cn/info/1021/118357.htm.

[18] 山东大学主办全国生物和食品类虚拟仿真实验教学资源建设研讨会[EB/OL]，(2019-05-21)，http://www. qdxqyxb. sdu. edu. cn/info/1096/2566.htm.

[19] 教育部高等教育司关于开展2019年国家精品在线开放课程认定工作的通知[EB/OL]，(2019-07-01)，http://www. moe. gov. cn/s78/A08/A08_gggs/A08_sjhj/201907/t20190702_388689.html.

[20] 教育部办公厅关于开展2018年度国家虚拟仿真实验教学项目认定工作的通知[EB/OL]，(2018-07-31)，http://www. moe. gov. cn/srcsite/A08/s7945/s7946/201808/t20180810_344990.html.